U0725310

光尘
LUXOPUS

这样想不焦虑

The
Anxiety and Worry
Workbook

—

The
Cognitive Behavioral
Solution

［美］
亚伦·T.贝克　　　　［加］
大卫·A.克拉克　著

郑晓芳 宋梦姣　译

人民邮电出版社
北京

图书在版编目（CIP）数据

这样想不焦虑 /（美）亚伦·T. 贝克著 ；（加）大卫·A. 克拉克著 ；郑晓芳，宋梦姣译. -- 北京 : 人民邮电出版社，2023.7
ISBN 978-7-115-61679-1

Ⅰ. ①这… Ⅱ. ①亚… ②大… ③郑… ④宋… Ⅲ. ①焦虑－心理调节－通俗读物 Ⅳ. ①B842.6-49

中国国家版本馆CIP数据核字（2023）第087338号

本书中文简体版由The Guilford Press 经北京光尘文化传播有限公司授权给人民邮电出版社独家出版，未经出版者书面许可，对本书的任何部分不得以任何方式复制或抄袭。

版权所有，翻版必究。

◆ 著　　　　[美]亚伦·T. 贝克　[加]大卫·A. 克拉克
　　译　　　　郑晓芳　宋梦姣
　　责任编辑　马晓娜
　　责任印制　陈　犇
◆ 人民邮电出版社出版发行　　北京市丰台区成寿寺路 11 号
　　邮编 100164　　电子邮件 315@ptpress.com.cn
　　网址 https://www.ptpress.com.cn
　　文畅阁印刷有限公司印刷
◆ 开本：700×1000　1/16
　　印张：24.5　　　　　　　　　　2023 年 7 月第 1 版
　　字数：300 千字　　　　　　　　2025 年 1 月河北第 6 次印刷
　　著作权合同登记号　图字：01-2022-4253 号

定价：69.80 元

读者服务热线：（010）81055671　印装质量热线：（010）81055316
反盗版热线：（010）81055315
广告经营许可证：京东市监广登字 20170147 号

前言

　　焦虑症是当下最消磨人的心理疾病之一。全世界每天都有数以百万计的人在努力地控制忧虑、恐慌、害怕和恐惧的情绪。但是，人们会发现，他们越想逃避焦虑及其触发因素，焦虑就会变得越严重，生活也变得一团糟。本书是由认知疗法创始人亚伦·T.贝克博士（Dr. Aaron T.Beck）总结多年工作经验写下的缓解焦虑自助手册，可以帮助你换个角度看待和应对焦虑，提高生活质量。多项研究已证实，即便是多年的顽症，认知疗法也可以改善焦虑。

　　认知疗法主要专注于那些不由自主地产生的令人痛苦的想法，这样的想法导致我们深陷焦虑，日思夜想却找不到解决之策。在本书中，你将学习识别、评估和纠正这些想法的方法。例如你可以通过识别有关对自己身体感觉不切实际的想法，来减轻甚至预防急性焦虑症。如果你患有社交恐惧症，我们会测试你的潜意识是如何让你先入为主地判断他人对你持负面态度，而错过了有益的人际关系的。

　　这本书既是一本自助手册，也是治疗指导手册《焦虑症的认知疗法：科学与实践》（*Cognitive Therapy of Anxiety Disorders: Science and Practice*）的辅助读物。即便你找不到认知疗法领域的执证治疗师，本书仍然可以为你带来希望和帮助。

焦虑虽然有其多面性和复杂性，但在过去的三十年里，数百名精神健康研究者和临床医生大大扩展了认知疗法的治疗范畴和治愈率。本书总结了认知疗法的创始人亚伦·T.贝克（Aaron T. Beck）和在焦虑与抑郁的认知疗法领域有 25 余年经验的临床心理学家大卫·A.克拉克（David A. Clark）教授的研究与实践成果。

通过阅读本书，你将获得以下帮助：

1. 了解认知疗法的基本概念；

2. 理解焦虑，并重新审视自己的焦虑；

3. 从认知的角度看待焦虑，了解诱发焦虑产生的错误思维；

4. 理解认知疗法是如何发挥作用的，以及什么类型的练习可以减轻焦虑；

5. 创建自己的焦虑档案，直视问题，找到自己的优势；

6. 通过八大步骤转变焦虑思维；

7. 改变面对焦虑时的行为，勇敢地直面恐惧；

8. 制订针对焦虑问题的认知治疗计划，集中精力攻克焦虑。

此外，本书还详细讲解了最为普遍的三种焦虑障碍——急性焦虑症（包括广场恐惧症）、社交恐惧症和广泛性焦虑症（包括忧虑）的针对性治疗方案，对于持续很久的严重的焦虑问题而言是十分有效的。

目录

第三章
焦虑思维

第四章
治疗的开始

第五章
创建"焦虑档案"

第六章
转变焦虑思维

第十章
攻克社交恐惧

第十一章
克服忧虑

当你陷入焦虑的泥沼

第一章

焦虑和恐惧如同吃饭、睡觉和呼吸一样平常，如果没有任何焦虑和恐惧，当危险逼近时，你仍浑然不知，后果将不堪设想。

　　每个人都会感到焦虑和恐惧，当你在大街上遇到一个鬼鬼祟祟的陌生人时，你会心存戒备；当你面临一场重大考试时，你会坐立不安；当你在医院做完体检，结果还没出来时，你会胡乱猜测，忐忑不安。焦虑和恐惧常伴我们左右，没有任何危险和风险的世界，是难以想象的。一点儿也不焦虑和恐惧的人，是根本不存在的。焦虑和恐惧能够警示我们即将面临的危险，它们是生活不可或缺的一部分。一个在湿滑路面上开车的司机，势必会小心翼翼；一个正准备重要会议的年轻白领，势必会紧张担心；一个决定去陌生地方旅行的人，势必要做好预防措施。在生活的"薄冰"上前行，常需一颗警醒的心，才能防患于未然。事实就是如此，我们的生活需要焦虑和恐惧。

　　但如果焦虑和恐惧过了头，变成了焦虑症，则会适得其反。作为心理学家和临床心理医生，我们见过太多被焦虑症折磨得苦不堪言的人。这些人每天都生活在恐惧和焦虑当中，觉得世界很不安全、无情且冷漠。焦虑和恐惧如同大山，压垮了他们全部的快乐和幸福。以下是三种常见的焦虑症。

焦虑和恐惧如同吃饭、睡觉和呼吸一样平常，如果没有任何焦虑和恐惧，当危险逼近时，你仍浑然不知，后果将不堪设想。

担心死了：广泛性焦虑症

丽贝卡今年 38 岁，她有两个还在上学的女儿。自打五年前晋升为店铺经理之后，她开始经常失眠，忧心忡忡。她担心自己的工作效率、大女儿的校园生活、小女儿的人身安全，还担心父母会责怪她没有常回家看看、丈夫会被炒鱿鱼、家中的积蓄将所剩无几……丽贝卡一直为未来的事担惊受怕，近几年来，情况越来越糟，那些挥之不去的忧虑在她的心中肆无忌惮地游荡，令她无法忍受。除了夜不能寐让她变得极度疲惫，她还越来越紧张，难以放松、脆弱、烦躁、易怒、反复无常，常常为一件小事大发脾气。很多时候，她会毫无征兆地陷入崩溃，毫无理由地号啕大哭。她试过极力控制自己的情绪，也试过通过分散注意力来让自己镇定下来，但这种持续不断的担心始终困扰着她，一次次把她推向崩溃和疯狂的边缘。虽然她也常常安慰自己："没有过不去的坎儿，一切都会好起来。"但是在她的脑海中，似乎总有一个恶魔般的声音在回响："你的生活终将土崩瓦解。"

如果你也有这样的极度担心和忧虑，为未来的生活提心吊胆，寝食难安，那么你很可能患上了广泛性焦虑症（generalized anxiety disorder），或者广泛性焦虑障碍，请参照丽贝卡的经历，写出你的遭遇。

_____

_____

失控：急性焦虑症

托德是一名刚刚毕业的大学生，他在销售领域找到了一份理想的工作，并搬到了一个新城市。最初一切看起来都很不错：他第一次有了属于自己的公寓，也交到了朋友，还有了温柔体贴的恋人，工作也令人满意，获得了优异的绩效评估，新生活非常美好。但好景不长，随着工作的深入，托德的压力越来越大。为了完成一个大客户的项目，他常常需要加班到深夜，以至于第二天不得不去健身房舒缓压力。就在十一月寒冷的一天，一切都发生了变化。在驾车回家的路上，托德的头脑中突然冒出一些奇怪的想法，紧接着，他开始感到胸闷气短，心跳加快，头重脚轻，脑袋晕晕乎乎的，好像马上就要昏死过去一样……他赶紧把车停到路边，熄火，双手紧紧握住方向盘。此时，他觉得越发紧张，身子开始颤抖，呼吸开始急促，浑身燥热，快要窒息了。托德立刻意识到，自己可能是心脏病发作，就像三年前他的叔叔那样。过了几分钟后，症状稍稍有所缓解，托德赶紧开车去了急诊室。一系列全面的检查之后，体检报告显示，托德的身体非常健康。主治医生认为托德患的是急性焦虑症（panic disorder），或者惊恐障碍，建议他去看心理医生。

现在，距离托德第一次发病已经过去九个月了。他的生活发生了天翻地覆的变化。急性焦虑症的频繁发作，令他十分担忧自己的健康，于是他减少了社交活动，很少与人来往。由于担心自己会发病，他不敢拓展自己的活动范围，只将自己限制在工作场所、女朋友家和自己的家中。他对生活丧失了激情，再也不像从前那样勇敢地尝试新事物了。托德正被恐惧蚕食着，他的生存空间正变得越来越狭窄。

如果你也有过惊恐发作的经历，那么，请谈一谈自己的感受。

_____

_____

尴尬死了：社交恐惧症

伊丽莎白虽然已经 45 岁了，但仍然单身。从小到大，她一直都害怕与人打交道，即使别人只是站在她的身边，她也会感到焦虑，忐忑不安。即使只是简单的沟通，诸如聊天、打电话、在会议上发言、向店员咨询、在饭店吃饭、在影院走路等，都会令她感到紧张、心慌和害羞。她担心自己的脸是不是太红了，担心自己是不是做了什么令人尴尬的事情，羞死人了？在她看来，别人一直都在看着她，议论着她，评价着她。为了避免尴尬、紧张和焦虑，伊丽莎白总是尽量避开社交场合和公共场所。她只有一个好朋友，并且在大部分周末都陪伴在年老的父母身边，从不愿意去接触其他人。尽管伊丽莎白工作能力非常出色，但是尴尬的人际关系导致她一直没有机会晋升。伊丽莎白将自己幽禁在狭小的世界里，沮丧、孤独、缺少关爱——恐惧和焦虑就像一条巨蟒完全吞噬了她的生活。

> 　　如果你也有社交恐惧症（social phobia），在别人面前也会感到尴尬和焦虑，那么了解伊丽莎白的故事后，你有什么感想呢？
>
> ———————————————————————————
>
> ———————————————————————————

　　丽贝卡、托德和伊丽莎白都活在强烈而持续不断的焦虑中，无法自拔，他们的生活既压抑又紊乱。幸运的是，上述三人通过本书介绍的心理自愈疗法，都成功战胜了令人衰弱的焦虑，开启了人生的新篇章。本书将与大家分享许多著名心理医生在治疗焦虑症时所使用的方法。如果你在某种程度上也正遭受着焦虑症的折磨，通过阅读本书，你也可以慢慢地掌握心理自愈的疗法，给自己一个新的开始。

在焦虑面前，你并不孤单

　　在美国，超过 6500 万成年人会在他们生活中的某个时候感受到具有临床意义的焦虑问题，并且全球每天都有数以亿计的人遭受着这种心理问题的折磨。在你的亲戚、朋友、同事和邻居中，每四个人中就有一个人有过严重的焦虑体验。焦虑症是普遍存在的最令人身心疲惫的一种心理问题。但是大多数人并不会寻求专业的帮助。一些有名的成功人士也曾经在焦虑中苦苦挣扎过，比如金·贝辛格、尼古拉斯·凯奇、温斯顿·丘吉尔、亚伯拉罕·林肯、霍伊·曼德尔、唐尼·奥斯蒙德、芭芭拉·史翠珊及霍华德·斯特恩等。所以，对于焦虑，你不必感到尴尬、羞愧或自责。在焦虑的泥沼里，你并不孤独。在过去的 20 年里，心

> 理健康研究人员已经在治疗焦虑症方面取得了很大的进步。你可以借助专业的帮助，大大降低焦虑的强度、时长和负面影响。

如何使用这本书

你可以自学本书，也可以和心理咨询师一起使用本书。书中介绍的方法都是以认知疗法（Cognitive Therapy，CT）为基础建立起来的。亚伦·T.贝克博士是认知疗法的创始人，他于 1960 年发明此疗法，并应用于对抑郁症的治疗；1985 年，贝克和其同事合作出版了《焦虑症和恐惧症：一种认知的观点》（*Anxiety Disorders and Phobias: A Cognitive Perspective*），概述了认知疗法在治疗焦虑症上的应用。2010 年，我们基于过往 25 年对焦虑症的本质和治疗方法的科学发现，写就了《焦虑症的认知治疗》一书，对认知疗法进行了优化、升级。

许多临床科学研究结果表明，认知疗法［或者认知行为疗法（Cognitive Behavior Therapy，CBT）］可以有效治疗不同形式的焦虑症，60% ~ 80% 的患者在完成第一阶段（10 ~ 20 次）的心理咨询后，会感到自己的焦虑程度大大减轻，

成千上万的焦虑症患者用自身经历证明，一个人即使遭受了极大的痛苦，仍可以过上富有创造力、令自己满意的生活。所以，你也可以缓解焦虑症给生活带来的持久、负面的影响。"把精灵放回瓶子里"，让恐惧和焦虑回归到它们在你的生活中应占的正确位置。

而 25% ~ 40% 的人可以痊愈。这个效果与单独用药的效果持平，甚至更好一些，尤其重要的是，认知疗法的效果比药物治疗的效果更持久。正是由于认知疗法简单、实用和高效，现在它已被美国精神医学学会（the American Psychiatric Association）、美国心理学会（the American Psychological Association）和英国国家医疗服务体系（the National Health Service）推荐为治疗焦虑症的首选疗法之一。

什么是认知疗法

"认知"（cognitive）这个词是指我们对自身经历的理解和认识。认知疗法是一种有条理、系统的心理治疗方法，它的基本理念是：不同的思维方式会使我们对同一件事情产生不同的感受，因此改变思维方式就可以改变我们的主观感受。其基本思路可以用以下方式表达：

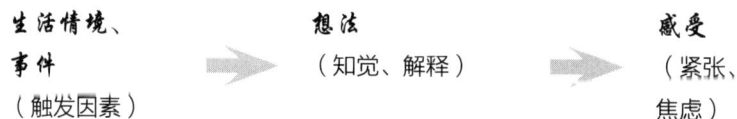

例如

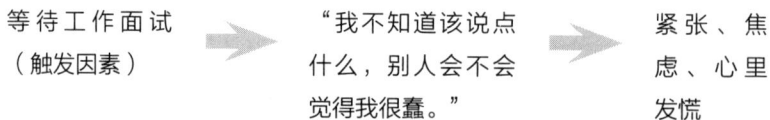

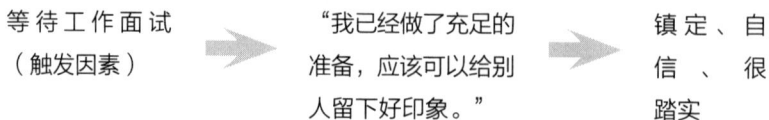

> 认知疗法是一种简明的谈话治疗方法，它着眼于日常生活经历，教我们如何用科学系统的评价方式和行为方案来改变情绪化想法和信念，从而改变焦虑和抑郁等令人痛苦的感受。

当你读到这里时，你可能正在思考，自己的恐惧和焦虑是什么样的。那么让我们来做一个认知疗法中关于"我们怎么想"的小练习，看看你是否能捕捉到此时此刻自己的感受和想法。

此时此刻，我的感受是：_____

此时此刻，我的想法是：_____

认知疗法会带来哪些改变

如果你的焦虑症非常严重，并且已经困扰了你很多年，那么对你而言，要想取得理想的效果，就需要寻求专业心理从业者的帮助。你的治疗师可能会采用我们的专业书籍《焦虑症的认知疗法：科学与实践》里的理论和治疗方法。你可以把《这样想不焦虑》当作一本辅助读物，用本书中介绍的方法进行自我调节。如果你还没有找治疗师接受专业治疗，这本书可以帮助你更好地了解认知疗法。治疗焦虑障碍的疗程是 6 节课到 20 节课不等，通常是在开始的时候每周上一次课，然后逐渐减到两周上一次，然后一个月上一次。

治疗的三个阶段为：

●评估：治疗师会用一节到二节课评估你焦虑的根源是什么。治疗师会问很多问题来了解你的焦虑史和症状、你的日常感受及你是如何尽力克服焦虑的。多数的认知治疗师会给你一些可以在家里填写的问卷。评估的目的是通过深入了解你的焦虑症，制订一个有针对性的治疗计划。

●干预：干预是认知治疗的主要部分。找到让你产生焦虑的思维，纠正这些思维，开始用一个新视角去看待焦虑，并制订一些行动计划来纠正你一直以来处理焦虑的错误方法。

●终期：最后几节课的频率会比较低，主要是教你掌握一些技能来处理偶发性的焦虑。治疗师把这个阶段称为预防复发。掌握这些预防技巧能让你今后在没有心理咨询师帮助的情况下，也能处理焦虑的复发。

如表 1.1 所示，认知治疗遵循一个非常典型的结构。尽管并不是所有认知治疗师都会非常严格地坚持这种课程模式，但大部分治疗焦虑症的课程都包含表中的大部分要素。

表1.1　认知治疗课程的典型结构

课程项目	内容
1. 每周进行的巩固练习和焦虑检查	每节课刚开始的时候，来访者要提供一份简短的报告，说明这一周内有无任何与焦虑相关的经历，并对这些经历的频率和强度进行评级（5~10分钟）
2. 编制课程日程	治疗师和来访者一起对治疗课程的各项事宜归纳总结，编制一份日程表（5分钟）

（续表）

课程项目	内容
3. 对上一节课的活动计划作出评估	讨论评估上一次课程的行动计划的结果。来访者在完成任务的过程中学习到了什么？如何将这一行动计划纳入减轻焦虑的策略中？（10分钟）
4. 基础课程主题	这部分课程的主要目的是确定、评估并且纠正一些病态的、导致焦虑的想法、信念和行为（20分钟）
5. 制订行动计划	行动计划是基于基础课程主题的结果而为来访者编制"家庭作业"（10分钟）
6. 课程总结与反馈	来访者列出这节课的重点，并且反馈他们认为最重要和最无效的内容（5分钟）

除此之外，认知治疗师会根据来访者的实际情况采用有针对性的治疗风格，为来访者掌握克服焦虑症的方法创造最好的条件。具体特点请见表 1.2。适合的治疗方式及良好咨访关系（良好的咨访关系包含了治疗师与来访者之间的信任、来访者相信治疗师对自己的了解、治疗师表现出关注和共情、来访者放轻松地自我披露、治疗师的保证保密）共同为恐惧和焦虑的治疗营造出最好的治疗环境。

很多从事心理健康的专业人士已经将认知疗法的元素应用到了自己的工作中，但只有一小部分执业医师会提供一些常规的、完整的认知治疗课程，也只有一小部分执业医师受过正规的认知治疗师培训。那么，怎么才能知道一位执业医师是不是专业的认知治疗师呢？最简单的办法是看他是否已经得到认知疗法研究院（Academy of Cognitive Therapy，ACT）授予的认知治疗正式许可。目前，ACT 拥有 600 多名来自世界各地的成员，其中包括心理学家、社会工作者、精神科医生，以及其他精神卫生专业人士。他们的认知治疗专业能力要经过严格的鉴定才得到认可。没有 ACT 资格认证的治疗师也可能教你许多认知疗法（或认知行为疗法）的原理和要素。如果你正在考虑是否接受一位治疗师的治疗，那么了解认知疗法可以帮你判断他能否教给你足够的认知疗法要素。

表1.2　认知治疗师采用的治疗风格

特点	解释
教育	学习是认知治疗最基本的特点。治疗师担当顾问或教师的角色，指导来访者克服焦虑
合作	在治疗过程中，来访者是一名积极的参与者。来访者与治疗师一起制定治疗目标和治疗方向，并为了找到解决焦虑的最佳认知行为策略而共同努力
苏格拉底式发问	治疗师提出一系列的问题，然后总结来访者给出的答案，指出哪些想法、信念、看法和行为导致了焦虑，哪些可以缓解焦虑（"在那种情况下，你觉得最糟糕的后果可能是什么？""这件事有多大概率发生？""如果你面临这种情况，你有多大把握可以克服呢？"）
指导性发现	治疗师通过试探性的提问，帮助来访者探索自己焦虑的根源，探讨克服焦虑的最好方法。治疗师不会直接告诉来访者什么是错的或应该做什么，而是利用层层递进的提问引导个体走向自己的"认知性的自我发现"

（续表）

特点	解释
协同论	为找到减轻恐惧和焦虑的最佳策略，来访者和治疗师一起制订行动计划或行动任务。众所周知，多尝试才能做出最好的改变

如何从本书中获益

这本书适合不同程度的焦虑症患者，可以帮助他们缓解广泛性焦虑症、急性焦虑症和社交恐惧症等，上文中提到的丽贝卡、托德和伊丽莎白分别患有这三种焦虑症。如果你也有类似的症状，那么本书对你会很有帮助。如果你是和心理咨询师一起使用本书，那么你的心理咨询师可以把本书用作你的治疗辅助，指定一些章节和练习来强化治疗的效果，帮你更快、更有效率地减轻焦虑。本书中很多练习表、日记和量表都是从治疗师手册《焦虑症的认知疗法：科学与实践》中引用的改良版本。

再次强调，你可以自行阅读本书，但是寻求专业帮助则会让你受益更多。和焦虑一类的复杂情感打交道并不是知道做什么就够了，你还要学会如何把这些知识应用到日常的焦虑体验中去。不论用哪种方式，如果你具有以下几个特点，那么这本书会让你获益无穷：

●焦虑症状很严重（对于你来说，焦虑是一个大问题，它已经给你的生活造成了巨大的痛苦和干扰）。

●对治疗非常积极（已经做好准备，不遗余力想要变得更好）。

● 对结果抱有积极的期待（不论是与治疗师合作还是自己看书，你都期待能改善焦虑的状况）。

● 能够以初学者的心态对待焦虑（愿意发掘新的方法来理解你的焦虑体验，并学会应对焦虑）。

● 愿意与焦虑中扮演始作俑者的"自己"做斗争（如果你认为自己的焦虑是由别人引起的，或者要归咎于外界环境，那么认知疗法很难帮到你）。

● 能够感知自己的想法和感受，并写下来（能够捕捉到自己的想法和感受，跟心理医生谈一谈，或者在书里写下来）。

● 以一种批判性的、探究式的态度去探索你的想法和行为（做好准备，利用本书，批判性地审视自己的焦虑体验中的各种元素）。

● 愿意投入时间和精力完成一些行为练习（比如家庭作业）。

如果你正在吃药或正在使用其他疗法

许多患有焦虑症的病人一开始选择的都是吃药（抗焦虑药或者镇静剂），而不是心理治疗。就算吃药可以减轻焦虑，但考虑到停药之后症状可能反弹，你也应该尝试一下认知疗法。如果想在服药的同时使用认知疗法，那么你需要让自己的心理咨询师和医生沟通好，来确认心理疗法和药物治疗的最佳组合。认知疗法的目的是帮助你学会忍受焦虑，而不是逃避；而很多药物的作用要么是消除焦虑，要么是避免焦虑。

如果你正在使用其他疗法，并且这种疗法主要针对家庭矛盾或人际关系的处理，那你大可以同时使用认知疗法。但是如果同时使用两种不同的疗法，这两种疗法可能会互相克制，使治疗效果大大降低。依我们的经验看来，不管用不用药，对于焦虑症，最好的方案是单独使用认知疗法 3 ～ 6 个月。

如果你并不完全符合以上标准，你可能会怀疑认知疗法是否能帮助到你。其实，上述标准不是用来判断你是否需要治疗，或者需要这本书。事实上，上述标准是用来衡量你是否已经准备好要做出改变。符合更多标准的人，将从本书中获益更多。治疗师可以帮你充分激发改变的意愿，最大限度地提升能力，从而减轻生活中的焦虑。同时，本书也可以通过各种各样的提醒、总结和问题解答小贴士（比如上文中的阴影框）等，来帮助你维持治疗效果。当你开始阅读本书后，你会发现，自己越来越想要做出改变，对认知疗法的接受度也越来越高。

你最好按部就班地阅读本书：先读前八章，读完后如果觉得自己需要更多帮助，则可以继续读第九至十一章。这些章节会给你提供针对广泛性焦虑症、急性焦虑症和社交恐惧症的具体干预措施，掌握认知疗法的精髓。前两章是对认知疗法的简单介绍，让你可以重新审视自己的焦虑。在第三章，你可学会从认知的角度看待焦虑、了解焦虑。在第四章，你会了解认知疗法是如何起作用的，你也会知道什么类型的练习可以减轻焦虑。在第五章，你可以创建自己的焦虑档案，用来记录练习要用的信息，这样就可以直视自己的问题，找到自己的优势。阅读本书第一至五章的同时，你需要完成附带的练习和工作表。第六章和第七章会教你一些有助于减轻焦虑的专业方法……

你可以慢慢地阅读这本书。试着把读到的知识与自己的焦虑体验联系起来。你会在读的过程中发现大量的练习，完成它们会使你受益良多。最重要的是，你要试着把从书里学到的方法应用到自己的日常生活中。别总想着毫无瑕疵地完成所有练习题和工作表，有一些练习可能与你的经历更为相关或对生活更有帮助，你应该在对自身有用的练习和工作表上投入更多精力，才能帮助你"把精灵关回瓶子里去"。也就是说，让恐惧和焦虑回归到它们在你的生活中应占的正确位置上。

目标和期待

再看一眼第 9 页，你思考并写下了自己的感受和想法。如果你在填写时仍然感到困难，不要着急，你会在本书中得到很多帮助，从而克服这一困难。如果你能一心一意地树立目标，誓把焦虑的影响压制到最小，那么你会从本书中受益良多。

所以在继续阅读之前，停下脚步，问问自己是否想做出改变。可能你已经完全被恐惧和焦虑蒙蔽，看到的只是它们对生活的破坏。想一想你到底想成为哪种人，想做什么事，而现在的自己又在哪些事情上无能为力？你想如何对待自己的恐惧和焦虑？你又想怎样改变自己的生活？

把改变自己作为目标，你就有可能敢于在会议上表达自己的观点；把改变认知作为目标，在每次胸闷时你就有可能不再认为自己得了心脏病；把改变情绪作为目标，想到退休的时候，你就不会那么焦躁不安。现在，花一点儿时间填写工作表 1.1。在读完第一章到第八章之后，你再回来看看自己填写的这个工作表，以此来判断距离目标还有多远。如果你正在进行治疗，你可以和自己的心理治疗师谈谈这些目标，并把它

工作表 1.1 目标和期待：克服恐惧和焦虑

行为变化	认知变化	情绪变化
你希望增加哪种行为？希望减少哪种行为？在没有恐惧或焦虑时，你会做怎样的改变？	你希望增加哪些想法和信念？希望减少哪些想法和信念？在没有恐惧或焦虑时，你会有什么想法？	你希望增加哪些情感或感受？希望减少哪些情感或感受？在没有恐惧或焦虑的时候，你会有怎样的情绪变化？
1.	1.	1.
2.	2.	2.
3.	3.	3.
4.	4.	4.
5.	5.	5.

资料来源：《焦虑与忧虑手册》大卫·A.克拉克、亚伦·T.贝克 著，吉尔夫特出版社出版。

们纳入个人的认知治疗计划。在回过头审阅工作表 1.1 后，如果你觉得阅读完第一至八章并不能帮助自己达成既定的目标，你可以继续查阅第九至十一章的任意章节，这些章节的内容包括恐慌、社交恐惧症及忧虑。

本章总结

1. 恐惧和焦虑是人类生存所必需的普通情绪。

2. 当这些情绪过多、过长、对日常生活反应异常时，问题便出现了。

3. 焦虑是全世界最普遍的心理问题。

4. 有关焦虑的本质及治疗方法的最新研究成果，给那些苦苦挣扎的人带来了希望。

5. 临床科研结果显示，60% ~ 80% 患有焦虑症的人在接受认知治疗后有所好转。

6. 认知疗法的基本思路是，通过改变与情绪相关的想法、信念和态度，减少包括焦虑在内的消极感受。

7. 认知疗法是一种简明、有条理的谈话性治疗，它着眼于通过逻辑思维和行为方案来改变不必要的消极想法和感受。

◇

无论是与治疗师一起使用，还是自己使用这本书，你对自己的焦虑理解得越多，改善焦虑的机会就越大。在第二章中，我们将更详细地介绍焦虑的本质、常态和异常。

理解焦虑

第二章

焦虑是因现实生活中的潜在挑战或威胁而产生的一种持续、复杂的情绪状态，是一个人面临自己无法预期、无法控制的，并且会危及自身利益的事情时产生的反应。

一个人无论多么勇敢，也会有害怕的事情。

毫无疑问，每个人都会经历恐惧。当我们看到高速公路上失控的车辆、迎面而来的龙卷风、持枪的歹徒，或者听到机长说起落架无法正常使用、飞机准备紧急着陆时，难道不会感到害怕？恐惧是一种普遍存在的情感，它很有用，可以在我们身处险境时拉响警报。

但是当恐惧错位、脱离现实，并且超出了人们可以承受的极限时，它便不会再向我们发出准确可信的危机信号。举例来讲，当你极度害怕狗（"犬恐惧症"）时，你可能会采取极端的措施避免和一切狗接触，哪怕大部分狗并不会对人造成威胁。这些特别的恐惧（fear）或者恐惧症（phobias）极大地干扰了人们的生活。但是，恐惧作为一种基本情绪，在更为复杂的焦虑状态中扮演着非常重要的角色。本书会就此展开讨论。

恐惧与焦虑有何区别

到现在为止，我们一直在讲的"恐惧"和"焦虑"仿佛是同一种意思。但是，对于认知治疗师而言，区分出二者的差别十分重要。

恐惧包含对危及自身安全的威胁的感知，是一种基本、自发性的警戒状态。

恐惧是人们面对某种特定事物或情景时所做出的最基本的自发反应，包括对实际危险和潜在危险的识别或感知。对于患有"蜘蛛恐惧症"的人来说，身处一间老房子、走在森林中，甚至看到一张蜘蛛的图片都能引发恐惧。在户外，这个人可能会一直担心："我会不会遇到蜘蛛？""蜘蛛会不会爬进嘴巴或耳朵里产卵？这太危险了！"或者"我要是看见蜘蛛，肯定会被吓死。"在生理上，看到任何可以令人联想到蜘蛛的事物都会令他紧张、焦虑、胸口发闷，或者心脏狂跳。而这种恐惧也会引起行为上的变化，比如避免去任何可能会看到蜘蛛的地方。在认知治疗中，恐惧的主要症状就是对个体即将面临的威胁与危险的思虑。

相较而言，焦虑是一种持续时间更长、更复杂的情绪，并且经常由恐惧引发。人们往往因为恐惧而焦虑。例如：你可能会怀疑朋友家的老房子有蜘蛛，从而焦虑要不要去；或者因为影片里可能会出现蜘蛛而对看电影感到焦虑。你害怕遇到蜘蛛，但是又不断想着真的可能会看到蜘蛛，以至于你一直处在这种水深火热的焦虑之中。因此，焦虑比恐惧持续的时间更久。焦虑是一种状态，是人们认为自己不能控制未来而产生的忧虑心态和生理反应。也就是说，你可能会因为一想到要去参加一场重要的面试、一个谁都不认识的聚会，或者要去一个陌生的地方而焦虑。请

> 焦虑是因现实生活中的潜在挑战或威胁而产生的一种持续、复杂的情绪状态，是一个人面临自己无法预期、无法控制，并且会危及自身利益的事情时产生的反应。

注意，焦虑是针对未来的，它是被"万一"操控着的。我们不会对已经发生的过去感到焦虑，而是会沉迷在对未来的过度幻想中，对未来可能发生的灾难感到焦虑——"万一在考试的时候我什么都想

不起来怎么办？""万一我的工作没办法完成怎么办？""万一我的急性焦虑症在超市发作了怎么办？""万一我被身边的人传染了禽流感怎么办？""万一我突然看到一个人，然后想起曾经袭击我的人怎么办？""万一我丢了工作怎么办？"这些持续的情绪状态就是焦虑，也是这本书的重点。

焦虑和恐惧是如何共同起作用的

恐惧是一切焦虑状态的核心。焦虑其实源自我们内心深处的恐惧。简患有社交恐惧症，每当要参加会议的时候，她都会感到格外的焦虑。但是，她的焦虑源自对尴尬的恐惧："万一我问了一个我自己都没有答案的问题怎么办？大家都会觉得我没有什么能力，我自己肯定也会觉得尴尬得要命。"拉里有"健康恐惧症"，每当肚子不舒服时，就会感到焦虑。他害怕的是："万一我得了很严重的病，开始呕吐不停，甚至不能呼吸怎么办？"玛丽患有"陌生环境恐惧症"（agoraphobia），每次想去超市的时候，她都会感到不安，害怕自己的急性恐惧症可能会在超市发作："我要是在那么多人面前丢脸了怎么办？"麦克同样也患有"陌生环境恐惧症"，仅仅想着在吊桥上开车都会令他焦虑不安。他害怕自己开车的时候神经太紧绷，控制不好车辆，导致发生车祸。

本书介绍的认知疗法针对的是恐惧，它是焦虑的核心，因此深入了解焦虑中所潜藏的恐惧是十分重要的。请填写工作表 2.1，检验一下你是否能够分辨出焦虑中隐藏的核心恐惧。如果你正在接受治疗，这也是必须进行的一个步骤。

工作表 2.1　发现隐藏在焦虑中的核心恐惧

焦虑状态	核心恐惧
请简要阐述是什么令你感到焦虑。什么情形会引发你的焦虑？你在什么时候感到最焦虑不安？你会因为害怕太焦虑而避免做什么事情？	请试着分辨出隐藏在焦虑中的核心恐惧。在焦虑的情况下，发生什么事情是最糟糕的？你害怕造成什么可怕的结果？有什么事情会威胁到你或你爱的人吗？
1.	1.
2.	2.
3.	3.
4.	4.
5.	5.

资料来源：《焦虑与忧虑手册》大卫·A.克拉克、亚伦·T.贝克 著，吉尔夫特出版社出版。

● **疑难解答小贴士**

你可能无法轻易找到焦虑中隐藏的核心恐惧，这是因为大多数人总是更加关注焦虑时的感觉，而不是焦虑发生的原因。问问你自己："是什么让自己现在的处境这么糟糕？"及"现在到底哪里不对劲？"有时候，令你感到不安的就是隐藏在焦虑之中的恐惧。如果你仍然无法完成工作表2.1，请在阅读完本章的内容之后，再回过头来填写。

缓解焦虑

从焦虑的定义中，你能感受到焦虑的复杂性。在极度焦虑时，人们的生理、情绪、行为及认知状态都会受

> 运用认知疗法缓解焦虑时，在焦虑时期发现自己的核心恐惧是十分重要的。

到影响。也许，你并非每次都能觉察到自己的焦虑，但是在焦虑的状态下，你的想法、感觉及行为都会和非焦虑状态下有所不同。以下是焦虑的一些普遍状况：

生理状况

● 心率加快、心悸；

● 呼吸短促、频率加快；

● 胸口发闷或疼痛；

● 有窒息感；

● 头昏眼花或眩晕；

●出汗、潮热、浑身发抖；

●恶心、反胃或腹泻；

●身体不自觉地颤抖；

●四肢麻木、有刺痛感；

●身体虚弱、身形不稳；

●肌肉紧张、僵硬；

●口干舌燥。

认知状况

●害怕事情失控、无法解决；

●害怕受伤或死亡；

●害怕自己会发疯；

●害怕别人对自己的评价太低；

●脑海中出现恐怖的想法、图片或记忆；

●想法游离、脱离实际；

●无法集中注意力、思绪混乱；

●警觉过度；

●记忆力减退；

●无法客观地看待事物。

行为状况

●回避可能对自己产生威胁的状况；

●躲避、隐藏；

●极力追求安全，坚守在心理舒适区；

●不想休息、节奏紧张；

● 换气过度，强力呼吸；

● 身体僵硬；

● 讲话吃力。

情绪状况

● 感到紧张、焦灼；

● 感到害怕、不安；

● 神经过敏、战战兢兢；

● 焦躁不安、易怒。

请试着回忆一下，你最近一次感到焦虑时的状况。看看上面的清单，当焦虑来袭时，你能判断出自己有哪些生理、认知、行为及情绪状况吗？面对总是迟到的职工大卫，丽贝卡感到十分焦虑。当她必须与大卫对峙的时候，她因为害怕争执而感到焦虑。每当早上醒来，想起自己要面对大卫迟到的问题，她就感到十分焦躁。她马上注意到自己身体上的一些状况，比如心跳加速、脖颈僵硬，以及心里总是惴惴不安、容易激动等情绪上的变化。在准备上班前，一些认知状况也会跑出来，她觉得自己会搞砸所有的事情："如果我批评人卫，他不服，与我争执，我岂不是在大卫面前丢尽了脸？""他会看到我的身体在抖，感觉到我的不安，然后就以为我会放过他了。""万一我最终还是认输了，只是告诉他你还可以做得更好，那该怎么办？那不就是等于让他保持原样了吗？""如果他发火、朝我吼叫，怎么办？""如果他跟部门的人讲我的坏话怎么办？"上车后，她已经感到怒火中烧，途中因烦躁的情绪总是狠狠地按喇叭。她感到心烦意乱，一遍遍地排练她见到大卫时要讲的话，还差点儿错过了应该要转弯的路口。然而开始工作后，因为有更重要的事情要处理，她便回避了要跟大卫谈话的问题。上午大卫给她发了一封电子邮件，但是她选择了忽略（也是在逃避问题），尽管她知道，只要她回信，大卫自然就可以来找自己谈话。在一天工作快要结束的时候，她会生自己的气，也因为大卫而焦躁不已。回家之后，她带着这些消极情绪与丈夫和孩子相处。然而，这一切都是因为她一再地拖延、逃避造成的。

你可以用工作表 2.2 来填写自己面对不同焦虑问题的症状。请参照丽贝卡的例子来填写表格。其中第一行的内容，即为刚才所描述的情形。

被焦虑折磨得惊慌失措在所难免。对你的焦虑体验进行分解，并针对性处理其组成部分，可以有效缓解焦虑，一旦你能了解焦虑的组成部分，你就可以使用认知疗法来应对你的焦虑了。

为了帮助你填写工作表，你可以重点关注最近两到三次感到焦虑的时期——比如感到神经紧绷、急性焦虑症发作或焦躁不安时。在最左边写下你感到焦虑的事件，并在右边依次写下你的生理、认知、行为及情绪状况。你可以参考我们所描述的状况。如果你实在想不起来完全符合状况的事件，那么你可以在下一次感到焦虑的时候再写下来。如果你在治疗时使用这本书，清楚地描述不同时期的焦虑症状可以帮助心理治疗师为你制订治疗计划。

工作表 2.2　焦虑症状

令你感到焦虑的事件 （什么事情令你感到 焦虑？）	生理状况 （焦虑时， 你有哪些感觉？）	认知状况 （焦虑时， 你在想什么？）	行为状况 （焦虑时， 你在做什么？）	情绪状况 （焦虑时， 你的心情怎么样？）
1.				
2.				
3.				

丽贝卡的焦虑症状

令你感到焦虑的事件（什么事情令你感到焦虑？）	生理状况（焦虑时，你有哪些感觉？）	认知状况（焦虑时，你在想什么？）	行为状况（焦虑时，你在做什么？）	情绪状况（焦虑时，你的心情怎么样？）
1. 想到要与迟到的员工谈话	胸闷、身体虚弱、头晕、心跳加速、感到紧张	如果员工发火了，和我吵一架怎么办？如果我注意到我的紧张，觉得我不行怎么办？如果那么自信怎么办？如果他在背后讲我的坏话，其他员工没救我了怎么办	反复地排练要说什么，一直拖延着不想和员工见面	紧张不安、毫无耐心、烦躁
2. 想到父母会因为我常常不能去看他们而感到失望	肌肉紧张	我应该多去看他们。作为女儿，我实在太差劲了。如果父母一方去世了怎么办？他们会对我没有常常去看感到特别失望。工作和家里的事情太多了，我怎么才能抽出时间呢	避免提及父母，但是保证下星期去看他们	感到烦恼、情绪低落、紧张急躁
3. 看到每月的账单	胸闷、头晕、身体虚弱、肌肉僵硬、身体轻微颤抖	我们要怎么做才能付清账单？我们已经超支了，最后可能要破产了，我无法集中注意力，心烦意乱，什么办法都想不出来	不会看账单，也不还钱，而是继续花钱	心烦意乱、没有耐心、感到气馁

"我该在焦虑上花时间吗？"

你可能已经从亲身经历中感受到了不同程度的焦虑，这种差异不仅体现在人与人之间，也会在不同时间体现在同一个人身上。你之所以还没有重视自己的焦虑，可能是因为之前总是觉得"不会一直这么糟糕的"。你可能还在想要不要重视这个问题，更重要的是你还没有准备好去看心理医生。通过第一章的内容，你可以清楚自己为什么想要改善焦虑，以及自己的目标。这些都非常重要。通过梳理它们，你才能明白自己为什么越来越焦虑。当你拿起本书时，一定正被焦虑困扰。那么思考一下，你正经历的焦虑到底有多严重，才驱使你翻阅本书？

你可能无法轻易判断自己的焦虑是"正常的"还是"异常的"。而一个训练有素的心理健康从业者可以给你一个完整的评估。每位心理健康从业者会见焦虑型来访者的时候，他或她必须诊断出来访者是否患有焦虑性障碍（anxiety disorder）或者焦虑症，以及日常生活受此干扰的程度。如果你的焦虑程度十分严重，并且符合焦虑性障碍的条件，你应该向专业心理健康从业者寻求帮助。当然，本书的方法对你依然有效。

心理健康从业者依据美国精神病学会出版的《精神障碍诊断与统计手册》（*Diagnostic and Statistical Manual of Mental Disorders*，*DSM*）来判断个体症状是否符合焦虑性障碍的诊断标准。它对焦虑性障碍等上百种精神、情绪紊乱进行了一系列完整的定义。但即使有诊断手册，也还是很难判断一个人是否患有焦虑性障碍，因为没有任何医疗仪器可以查出焦虑症。因此，对来访者的评估必须基于自我报告的症状，但是这些症状会随着时间和情境的改变而变化，而且人们对焦虑症的忍耐程度也是不同的。我们见过太多患者，多年来生活在高度焦虑中，却仍然拒绝接受治疗。

尽管有许多不确定性，心理治疗师仍然会通过一些特定的症状来诊断焦虑症。心理治疗师会通过你的症状及程度来判断你是否患有焦虑性障碍。如果你有焦虑问题但并没有达到焦虑症的程度，本书可以给你提供很大帮助。但是一旦确诊，你就必须考虑到心理健康从业者那里获得更加专业的治疗。

心理治疗师判断一个人是否有临床疾病的标准如下：

1. 极度紧张。临床性焦虑（clinical anxiety）会在具体情境下表现得更加强烈。比如在接电话、开车过桥、询问店员或按门铃时感到惊恐不安，这些都是不正常的焦虑，因为大部分人做这些事时都不会有焦虑感。

2. 持续存在。临床焦虑比普通焦虑状态要持久得多，并且病态性忧虑（pathological worry）的忧虑状态会持续存在，个体无时无刻不处在焦虑中。

3. 干扰。临床性焦虑会对上班、上学、社交活动、娱乐、家庭关系及其他日常生活造成功能性干扰。焦虑的消极影响可能仅体现在生活的某些方面，但是这种影响是十分显著的。例如：患有陌生环境恐惧症的人会选择在凌晨3点去买吃的，这样他可以避免碰见其他人，或者绕远路以避免通过某座桥；广泛性焦虑症患者会因为过分忧虑而翻来覆去睡不着觉。

4. 突发性焦虑或恐慌。突然感到焦躁，甚至恐慌，其实都算正常，但是频繁地突然发作则表明了焦虑恐慌症（anxiety panic）的存在。突发的恐慌尤其值得注意，害怕将来会患有急性焦虑症也是焦虑障碍的一种典型特征（对恐慌症的详细描述可以参考第九章）。

5. 普遍化。在焦虑障碍中，恐惧和焦虑会以特定事物或情景为起点，扩散到更大的范围。例如在一个拥挤的餐馆里，玛丽的急性焦虑症第一次发作了。她被吓了一大跳，以至于再去任何餐馆前，都要先看一看人会不会太多。后来，她只在非高峰时间去那些不太受欢迎的餐馆。最终，玛丽不再踏入餐馆或其他任何公共场所，因为她害怕被困住的不安感。玛丽的焦虑不断地扩散，造成对自己更大范围的影响和限制。

6. 灾难性的想法。患有临床性焦虑的人总是会想到最糟的场景。因为焦虑会一直影响人们对未来的想法（"万一……"），在焦虑障碍的影响下，人们会把威胁看得比实际情况严重得多，从而使想法产生偏差。例如一个患有恐慌症的人会不由自主地想：我没有办法正常呼吸，会不会就这样呛死了？患有社交障碍的人会想：万一所有人都注意到我特别紧张，知道我有精神病怎么办？患有广泛性焦虑症的人会想：如果我一直这么忧虑，我会疯掉。所有这些想法都包含对灾难可能性的猜想（"万一……"），这是对实际危险的夸张化。第三章特别提出了焦虑是如何改变我们的思维方式的。

7. 回避。大多数焦虑障碍患者都会通过回避一切可能触发焦虑的事物来试图消除或减轻自己的焦虑。触发物可以是某个场景（如拥挤的商场、高速公路、公共设施、会议室、电影院或教堂）、人物（如陌生人、可疑的人、上司、病人等），或物体（如桥、隧道、医院及某些动物）。回避的范围不断增大，可能会使焦虑在短期内减少，但也要付出很大的代价。它会使焦虑持续的时间更久，并且会降低一个人的日常生活质量。关于回避这个问题，第七章会有更加详细的讨论。

8. **没有安全感，无法镇定**。最后，相较于其他人，一个患有焦虑障碍的人经常会感到没有安全感。虽然他们会花更多的时间去寻找安全感，但是任何一种安全感都是短暂的，很快，畏惧感和威胁又会卷土重来。这让患者很难放松或者冷静下来。焦虑障碍会让患者感到比正常时更加地紧迫、焦灼。这也使得失眠成为大多数焦虑障碍的主要问题。

如果你现在并没有接受专业治疗，或者你仍处于诊断阶段，请完成工作表2.3，这是我们列出的焦虑障碍症状清单，目的是帮助你判断自己是否患有临床性焦虑。当然，只有合格的心理健康从业者能够提供精准的诊断，如果你对清单上的所有条目都回答"是"，那么你就应该考虑寻求专业帮助。（这本工具书正是为患有焦虑障碍的人写的，所以它可以帮助你判断是否需要专业性帮助，或者判断你的焦虑是不是可以定性为临床性焦虑障碍。如果你正在接受治疗，请与治疗师一起探讨你的回答。治疗师可以帮助你进一步精确你的答案，特别是在治疗处于诊断阶段时。）

工作表 2.3　焦虑障碍症状清单

提示：这个清单包含一系列关于焦虑的描述。在符合自己焦虑情况的一栏中勾出"是"或者"否"。如果你发现大多数回答都是"是"，那么请考虑自己是否患有临床性焦虑，这时你应该寻求专业帮助

描述	是	否
1. 我的焦虑症状已经相当严重，让我感到心烦		
2. 我对每天发生的事情或情景都会感到焦虑		
3. 我每天（或每周）都会多次感到焦虑		
4. 我已经连续几个月或几年被焦虑困扰		
5. 我的焦虑持续得比想象中要久很多		
6. 我会因为焦虑而回避某些地方、情景、人物或活动		
7. 焦虑影响了我的工作（学习）、人际交往及家庭关系		
8. 在感到焦虑的时候，我会忍不住做最坏的打算		
9. 我会突然感到焦虑或恐慌		
10. 我的焦虑已经开始扩散，现在对一系列不同的场景、事物、人等都会产生焦虑		
11. 没有药物辅助，我就没有办法控制自己的焦虑		
12. 在焦虑时期，我会变得特别胆小		
13. 我变得越来越难以冷静或难有安全感		
14. 亲密的朋友或家庭成员觉得我有焦虑问题		
15. 我总会变得十分焦虑、紧张不安		

资料来源：《焦虑与忧虑手册》大卫·A.克拉克、亚伦·T.贝克 著，吉尔夫特出版社出版。

焦虑障碍的多面性

不是所有的焦虑障碍都一样。《精神障碍诊断与统计手册》（*DSM-IV-TR*）中列出了 13 种不同类型的焦虑障碍，马丁·安东尼（Martin Antony）和皮特·诺顿（Peter Norton）在他们的著作《对抗焦虑》（*The Anti-Anxiety Workbook*）中，对这 13 种焦虑障碍进行了十分详细的描述。本书主要针对其中三种焦虑障碍——急性焦虑症或恐慌症（伴有或非伴有广场恐惧症）、社交恐惧症，以及广泛性焦虑症。这些焦虑障碍最普遍。它们常常会在同一个人身上集中体现。在本书中，每一种焦虑障碍都备有具体的认知治疗方案，例如患有恐慌症的人常常会在社交场合中感到不安，第九至十一章可以帮助到你。

表 2.1 总结了本书包含的三种焦虑障碍的核心特征、相应的触发因素，以及典型的思维过程。第九章和第十章介绍了一些更为复杂的症状。

无论你是否患有临床性质的焦虑障碍，每个人的焦虑症状都亟须改变。本书重点关注的是表 2.1 所列的焦虑症，大多数读者的焦虑问题都可以在本书中找到合适的认知和行为应对措施。不论你的诊断结果如何，你都会在不同的章节中找到符合自身情况的讲解和方法，例如第九章主要讲述焦虑症状和急性焦虑症，第十章讲述社交焦虑，第十一章讲述广泛性焦虑症。运用认知疗法，你必然会感到焦虑在生活中逐渐弱化。换句话讲，一切会变好的。

表 2.1   三种焦虑障碍的总结性描述

焦虑障碍	焦虑触发因素	恐惧性（灾难性）思维
急性焦虑症（恐慌症），伴有或非伴有广场恐惧症	生理性的、身体上的感受（比如心悸、呼吸困难、头晕目眩）	害怕死亡（"心脏病"）、难以控制（"发疯"）或者失去意识（"晕倒"）以及更深的恐慌
社交恐惧症	社交、公众场合；他人的关注	害怕他人对自己负面的评价（例如尴尬、羞耻）
广泛性焦虑症	生活中的压力事件或其他个人因素	害怕将来会发生不好的事情或造成威胁性的结果

资料来源：《焦虑与忧虑手册》大卫·A.克拉克、亚伦·T.贝克 著，吉尔夫特出版社出版。

本章总结

1. 恐惧是个体对危险的感知。

2. 恐惧是焦虑的核心。所以在认知治疗中，发现导致焦虑的核心恐惧是十分重要的。

3. 焦虑是一个人面临自己无法预期和控制的，并且会危及自身利益的事情时产生的一种持续的情绪状态。

4. 为了了解焦虑，你需要知道它的症状，以及它在生理、认知、行为和情绪方面是如何表现的。在正常和异常的焦虑状态之间并没有清晰的界限。但是相较于非临床性焦虑，临床性焦虑会表现得更加夸张、脱离实际、紧张、持久、普遍并干扰日常生活。

5.焦虑障碍有许多类型。本书关注三种最为普遍的焦虑障碍：急性焦虑症（包括广场恐惧症）、社交恐惧症和广泛性焦虑症（包括忧虑）。

◇

之前我们解释了恐惧的核心特征是对即将来临的威胁的思量，以及恐惧是所有焦虑状态的核心。那么为什么认知疗法对于治疗焦虑如此有效，以及为什么理解焦虑思维的过程如此重要？下一章将为我们揭晓。

焦虑思维

第三章

核心恐惧是焦虑的基础，包含人们自发地把日常小事当作危险（灾难化）的趋势，这种趋势会夸大日常生活中坏事发生的可能性和严重性。

与很多美国年轻人一样，我的小女儿克里斯提娜在 16 岁时开始学开车，她报了一个驾校培训班，通过笔试后，顺利拿到了临时驾驶证，可以在我的陪同下开车上路。一天，我载着她来到一条人烟稀少的公路。到达目的地后，我把车停在路边，跟克里斯提娜说道："好了，你现在可以试试开车了。"她发动汽车后，我感到有些担心，而她在整个驾驶的过程中都十分焦虑，双手紧紧地握住方向盘，每一块肌肉都紧绷着。在双向公路上，当第一辆车迎面驶来时，她死死地看着前方的路面，发出了尖叫。她太紧张了，以至于当其他车呼啸而过时，我们的车慢得像蜗牛一样。

在接下来的一刻钟内，我和克里斯提娜都出现了典型的高度焦虑的症状。但是，在驾驶了 30 分钟，快要结束训练时，我们的焦虑程度又都明显下降了。

在接下来的几天里，我们又练习了很多次，焦虑程度一次比一次轻，驾驶时间也越来越长。两个星期后，克里斯提娜不再表现出任何焦虑迹象。但是，后来当我们在城市里开车时，同样的情形又出现了：一开始是高度焦虑，随着反复的练习，焦虑的程度逐步减轻。

这个生活中简短的焦虑片段，告诉我们两个关于焦虑的事实：

● 即使不予干涉，焦虑也可以自然而然地减轻；
● 焦虑的程度在不同的情景中、不同人的身上都是不一样的。

但是，许多人的焦虑不会那么短暂，也不会那么容易消失，这就引出一个问题：

既然焦虑能够自然而然减轻，那么一定是我们用了什么错误的方法，才令焦虑变得持久不退。

让我们再来解读一下上面的例子。

克里斯提娜的焦虑随着反复的练习迅速地降低。但是，我们可以设想一下，如果她的脑子里一直装着下面这些想法，结果会怎么样呢？

●驾驶是很危险的。（"我可能一不小心就会发生事故。""我会受很严重的伤，甚至死掉。""很多年轻的新手都会发生车祸。""可能其他的司机不会注意路面情况。"）

●我是一个糟糕的驾驶员，永远都学不会开车。（"我不知道自己在干什么。""我记不住任何开车技巧。""如果我想踩刹车却踩到了油门怎么办？""我就是太焦虑了，我知道自己的驾驶技术很烂。""我无法协调好自己，简直不敢想象何时才能自信地开车。"）

●为了安全，我不应该开车。（"如果我当初没有学开车，我就不会有那种糟糕的焦虑感。""如果让有经验的人开车，我就当个乘客，那一定更加安全。""没必要非得学会开车吧？"）

●我现在这么忧虑，说明开车一定非常危险。（"如果我出了车祸、把车弄坏了怎么办？""万一我开车时还是紧张得要命怎么办？""我如果学不会在开车时放轻松，那一定会更容易发生车祸。"）

毫无疑问，这些想法会让克里斯提娜的焦虑水平居高不下，甚至越来越焦虑。实际上，克里斯提娜之所以能够随着一次次驾驶经历逐渐减轻焦虑，是因为她有如下的想法：

● 驾驶的风险是可以接受的。（"这么多人在路上开车，也没有多少事故发生。""我现在在人烟稀少的公路上开车，其实还挺安全的。""我开得这么慢，就算开错了也不大可能受伤。""如果我开错了，爸爸也会及时抓住方向盘、纠正我。"）

● 我是可以学会开车的。（"每个人都是从初学者开始做起的；如果别人能做到，那么我也可以。""我的协调性已经很棒了。""我已经非常注意公路的状况了。""我正在尽可能谨慎地开车。"）

● 最好现在就能摆脱恐惧。（"我很自信，练习得越多，焦虑就越少。""如果我现在不直面驾驶导致的恐惧，情况会越来越糟糕的。""如果我学不会开车，我就永远都只能依靠别人。"）

● 我需要专注于自己的问题。（"学习这项新技能之前，我就已经焦虑不安了，但是我一定能战胜心里的抵触。""我需要把注意力集中在驾驶课程中所学到的内容上；我已经做了足够多的功课，可以成为一名优秀的驾驶员了。"）

正是这些想法让克里斯提娜的焦虑逐渐减轻，这充分说明，至关重要的是想法，我们的想法可以改善焦虑，也可以恶化焦虑。想一想那些有关威胁或危险（"驾驶技术"）、脆弱或无助（"我没办法完成这个"）的想法，它们令你一直深陷焦虑的泥沼，无法自拔。而那些关于可接受的危险（"每天都有数百万人在路上驾驶，所以驾驶的风险是可以接受的"）或者个人能力（"我可以应对这件事情"）的想法，则可以降低焦虑水平。

　　本章是整本书的基础，解释了我们的想法是怎样激发焦虑，让我们束手无策的。理解焦虑的认知（想法）基础是认知疗法中重要的第一步。当你继续阅读本书时，你可以不断地回过头来复习本章的内容。通读本章时，试着把一些解释和理念应用到自己的焦虑体验中去。

危险性想法

　　想象一下，如果有人要求你走过一个 2 米宽、3 米长、离地面只有 0.3 米高的木板时，你会怎么做？会感到害怕吗？我猜，你一点儿都不会害怕，只要有正常的平衡感，你肯定可以非常轻松地走过这块木板。但如果我们把木板移到 16 米高的地方呢？你还敢走吗？我猜大部分人会说："不了，谢谢。"你会感到紧张害怕吗？大部分人会说："当然会害怕。"

　　所以，为什么同样 3 米长的木板会让人产生不同的反应呢？答案在于我们如何看待危险。大部分人会觉得，走在 16 米高的地方太危险了："只要我失去平衡，我就可能会摔死。""这个高度让我感到头晕，我一定会掉下去的。""太傻了，这不值得冒险。"也许杂技演员不会对此感到焦虑，因为她会这么想：这并不危险，我已经做过上百次了。而相比较而言，0.3 米的高度对于大多数人来说，都不会有太大的危险性。

　　在最近的几十年里，上百项研究已经表明，当焦虑来袭时，人们会格外关注对自身造成威胁的事物和人。任何与自己有关的威胁或危险的想法、画面或记忆都会令人们感到焦虑。

焦虑症之所以产生，是因为人们高估了威胁或危险的可能性和强度。

●你有没有发现，自己经常觉得某种危险很有可能发生在自己或所爱的人身上？（例如：你可能会搞砸某个重要的面试，可能会把自己弄得很尴尬，自己可能有哪方面的缺陷，等等。）

●你有没有发现，自己经常觉得最糟糕的事情就要发生了？（例如：你永远都得不到升职的机会，所有人都觉得你是笨蛋，你呛住了会窒息而死，你可能会患上致命的疾病，等等。）

我们把这种想法称之为灾难化想法（catastrophizing），或者夸大其词的想法。焦虑时，我们会在普通的日常体验中小题大做，会觉得最糟糕的事情比平常更有可能发生。因此，你要先学会揪出自己的灾难化想法并且加以纠正，这一步是最重要的。表 3.1 列出了一些焦虑症患者经常会出现的灾难化想法。

表 3.1 中所列出的大部分想法都是正常的日常体验，但当身处焦虑时，我们会用危险化的想法把这些事件解释得具有威胁性（灾难化）：我们会不切实际地高估灾难发生的概率。

表3.1　焦虑症中常见的灾难化想法

焦虑关注点 （触发因素）	高估可能性	高估严重性 （威胁预期最大化）
1. 和朋友一起去看电影时感到焦虑	"电影院里的人可能会非常多，除了第一排座位的中间位置，我们别无选择，可是我会感到非常不安。"	"电影放映到一半的时候，我可能会突然感到焦虑。我可能因为没有办法出去而坐立难安，那真是太糟糕了！"
2. 因老板突然找自己谈话而焦虑	"他会不会批评我，认为我的工作没有令他满意？我可能会非常紧张、闷热、感到不适。"	"我会失去工作，至少我的焦虑不安会让老板怀疑我是不是出了什么问题。"
3. 对邮回的税收材料感到焦虑	"我可能会被查账，可能要为额外的收入交税。"	"查账之后，他们可能会再寄给我一张税单。我已经刷爆了信用卡，已经没办法支付了。我只能宣布破产了。"
4. 在任何觉得自己会暴毙的时刻感到焦虑	"我想知道，如果我总是担心自己可能会早死，那么是不是意味着我真的可能死得早。"	"在20多岁的花样年华死去是多么悲惨的事情，都没有完整地活过。我会错过很多令人向往的美景，缺少人生必须经历的美好体验。"
5. 对因为忧虑而失眠感到焦虑	"我永远都不能安然入睡。我没办法控制这种忧虑，也没办法好好地睡觉。"	"我的人生因为失眠完全混乱了。我根本没法让自己投入工作，我有预感自己要被炒了。"
6. 对胸痛感到焦虑	"我不应该感到胸痛才对。我的心脏肯定是出问题了。"	"我很有可能得了心脏病。我家离医院太远了，如果发病，医生可能没办法及时赶到，要是这样的话，我极有可能会死于心脏病。"

请试着完成工作表 3.1，看看焦虑时的自己是否能捕捉到危险的或夸大的想法。焦虑时，我们的脑海中会迅速、自动地冒出灾难化想法，因此你可能很难觉察到自己的焦虑思维。如果你正在独自阅读本书，试着找到令自己焦虑的触发因素，然后当你遇到这些情景时，试着捕捉自己的焦虑想法。如果你仍然无法完成，那么请在读完本章后再回来填写。

> ● **疑难解答小贴士**
>
> 　　大部分人很难注意到他们的焦虑思维，这是因为人们会把过多的注意力放在自己有多难受上。如果你现在正在接受心理治疗师的治疗，那么分辨出焦虑思维也是你在治疗中要习得的一个技能。如果你正在独自阅读本书，那么先不要着急填写工作表 3.1。等平静下来，问问自己："焦虑时，发生什么事会让自己觉得最糟糕？"以及"现在是什么吓到了我？"或者"是什么让我感到烦躁？"如果你没有任何想法，可以去问问在类似情景下也会焦虑的熟人，他们都有什么想法？有什么感受？这些回答可能对你会有一些启发。

为什么人们总是把事情往坏处想

如果你觉得自己会不由自主地把事情往最坏的方面想——或者焦虑想法稍纵即逝，你根本没有意识到——那么你要知道，你并不是唯一一个会这么想的人。在过去的 20 多年中，心理学家已经对焦虑思维有了更多的了解和认识。我们现在知道，焦虑思维发生得非常快

工作表 3.1 焦虑时的"灾难化想法"档案

焦虑关注点	高估可能性	高估严重性
简要描述触发焦虑的情景。是什么让你感到焦虑?	焦虑的消极结果是什么?你觉得这种消极结果产生的可能性有多大?	这个情景里的最坏结果是什么?你想到了什么可怕的事情?有多可怕?
1.		
2.		
3.		
4.		
5.		

资料来源:《焦虑与忧虑手册》大卫·A.克拉克、亚伦·T.贝克 著,吉尔夫特出版社出版。

（少于半秒），并且是自动产生的，因此人们根本不会察觉到他们的大脑正在处理威胁和危险的信息。同样，当焦虑症患者对一个场景进行预估时，如果这个场景会令他们感到焦虑，那么他们的大脑会自动扫描环境中的威胁——我们称之为危险信号。我们的记忆系统和推理能力会在焦虑时有所偏差，因此我们在正常状态下回忆过去的焦虑经历或恐惧的事情，也会做出威胁性的解释和预计。换句话说，我们整个精神系统会被焦虑思维控制住，从而让所有与焦虑相关的思想和情绪都自动、快速、不自觉地产生。你不会这么想：啊，让我想想，我是不是陷入了焦虑。而是在你意识到之前，就已经在从焦虑的角度进行思考了。

认知治疗的目的，正是要帮助你学习如何推翻或停止这种焦虑思维。用电脑来类比的话，在焦虑症中，危险思维就像软件病毒一样侵入你的操作系统。认知治疗

核心恐惧是焦虑的基础，包含人们自动地把日常小事当作危险（灾难化）的趋势，这种趋势会夸大日常生活中坏事发生的可能性和严重性。

教会你如何识别并消灭这些灾难化的病毒，让它们再也不能控制你的想法。然后，转换你的想法，从而改变你的感受。一旦你不再用"受到威胁"的思维去考虑正常的事情，焦虑就会大幅度减少。

"但是我感觉太无助了"

当你对某件事情感到很焦虑时，你会很难相信自己可以做好它。

同样，在感觉害怕或焦虑时，我们会觉得自己虚弱、脆弱、无法解决问题。你在焦虑时会不自觉地感到危险、受到威胁，从而更加无助、束手无策。实际上，不同于灾难化思维，这些无助的想法是一种对感知到的威胁反应更慢，并且努力试图控制的回应。因此，你能更清楚地意识到自己是无助的，而不是自动产生灾难性的想法。你感到无助，可能是因为你缺乏应对焦虑状况的必要技能。自我怀疑和深刻的不确定感会加剧你的脆弱感。焦虑中的脆

> **认知疗法可以教你如何检测和推翻对威胁和危险夸大化的自发性想法。**

弱性思维的问题在于，它常常包含对现实的扭曲。实际上，你并没有自己想的那么脆弱、那么无能。因此，危险性思维和脆弱性思维之间的关系可以用以下方程式表示：

$$高估危险 + 低估个人处理问题的能力 = 高度焦虑$$

正如第一章所介绍的，每个人都会不由自主地感到被威胁，觉得自己很脆弱、很无能。当丽贝卡担心工作时，她想到的是，她的员工不再尊重她（危险性思维），自己无法好好面对员工（无助性思维）；突然心悸让托德担忧自己是否患有心脏病（危险性思维），他觉得自己可能无法及时就医（无助性思维）；伊丽莎白害怕在别人面前感到尴尬（危险性思维），或者无法流畅地聊天（无助性思维），因此非常忧虑。

当你感到焦虑时，你的脑海中闪现的是哪种类型的无助性思维呢？完成工作表 3.2，看看你能在多大程度上捕捉到这些想法。在第

一格中记录下你的焦虑经历，在第二格中形容一下你在多大程度上感到虚弱和无力？你用过什么无效的方法来应对这个情景？你所尝试过的不让自己更焦虑和危险的方法有哪些？在最后一格中，形容一下你觉得怎样才是最理想、最有效的处理焦虑情景的方式？

除了改变与威胁和危险有关的自动思维，认知治疗还会帮助你看清被焦虑纠缠的自己。认知治疗帮焦虑症患者评估出自己脆弱的思维和信念，并加以纠正，让他们更加自信地去处理焦虑问题。因此，你对工作表 3.2 内容的填写是你战胜焦虑的过程中非常重要的一步。事实上，第五章也会用到这个工作表，你需要用它来完成自己的"焦虑档案"。

● 疑难解答小贴士

如果你很难分辨在自己的焦虑思维中哪些是无助性思维，那么请问问你自己："当我感到焦虑时，我是不是感觉无法自控？如果是，那么在身体、情绪、思维及行为上，哪些部分已经无法自控了？"焦虑时是否失控，是分辨无助性思维的一个好方法。如果你正在接受治疗，你可以和你的心理治疗师一起，就如何低估自己处理焦虑问题的能力做进一步的讨论。

危险的错误

回忆最近一次你感到非常焦虑的时刻或场景？例如被陌生人环绕或身处陌生的环境，或坐在一个闷热的房间里，或乘坐的飞机遇到气流颠簸……你有没有发现，你只能想起来自己的感受有多糟糕、自己有多想

工作表 3.2 焦虑时你的无助性思维

焦虑关注点	无助性思维	渴望的应对方式
简短地陈述触发焦虑的情景。什么令你感觉焦虑?	在这个情景中,你是怎样变得脆弱无助的?你是怎样被这个情景击垮的?你做出了什么样的反应?你如何处理?你希望自己在这样的情景中如何表现?	你希望怎样应对这个情景?怎样才是强大、自信的处理问题的方式?什么才是改善焦虑问题最有效的方式?你想到了什么人可以很好地解决这个问题?
1.		
2.		
3.		
4.		
5.		

资料来源:《焦虑与忧虑手册》大卫·A.克拉克、亚伦·T.贝克 著,吉尔夫特出版社出版。

逃离这个情景。这是因为你的注意力完全集中在自己的焦虑感受上，根本没有关注任何其他的东西。焦虑就是这样：它扭曲了我们的思维过程，使得我们的关注面只能狭隘地集中在威胁、危险及无助感上。

这种思维虽然狭隘，但是在真正的危险到来时又是十分重要的。试想：你走在街上，有个看起来很危险的人想要接近你，那么你肯定要集中所有注意力，分辨这个人是好人还是坏人。你根本没有时间去看橱窗的玻璃、玩手机或跟朋友约晚餐。你需要非常迅速地决定并且找出快速逃走的路线。

但是，当外界没有危险时，当危险仅仅是其中的一种可能性时（一个想法或者

> **认知疗法旨在提高你的自信心和处理焦虑情形的能力。**

一件并不真实的事情，例如："如果我生病了呢？""如果我有急性焦虑症呢？""如果我犯错了呢？"），情况又会怎么样呢？在焦虑与不焦虑之间，你是可以选择的。焦虑时，虽然你意识不到，但是实际上你对现实的看法已经扭曲了、被禁锢住了。表 3.2 列出了一些错误思维，它们扭曲了你在焦虑时的想法和信念。阅读这些定义及例子，看看哪些例子与自己的情形最相近。在本书随后的阅读中，你还会用到这些内容。

当这些思维让你格外注意威胁和危险时，你便会觉得这些情景一点儿都不安全，脑海里满满的都是厄运和坏事。这种负面想法使焦虑更加持久。

你有没有意识到，注意到情境中能提升安全感的线索，要比你想象中困难得多？这是因为，在焦虑中，人们很难产生合理的或建设性

表3.2　焦虑中普遍存在的错误思维

以下是人们在焦虑或害怕时普遍怀有的错误思维。你可能会发现，焦虑时的自己也会有下面某些错误的想法，但可能并非每次焦虑都会犯所有的错误。通读列表中所有的定义和例子，在与你的情况相符合的项目旁边打个钩。你可能会注意到，这些错误想法之间会有些许类似感。这是因为，这些错误思维都会涉及被高估的危险，以及被低估的自身能力和安全性方面的问题。

错误思维	定义	举例
灾难化（高估危险）	关注焦虑情形中最坏的可能性结果	• 觉得胸闷是心脏病的预兆 • 觉得朋友认为你的话很愚蠢 • 因为在报告中犯错了，就觉得要被炒了
妄下断论	认为某个可怕的结果极有可能会发生	• 因为不确定某个问题的答案而预感自己会考试挂科 • 预感自己比赛时会大脑一片空白 • 预感自己在旅行时会特别焦虑
选择性注意	只关注与危险有关的信息而忽略安全的可能性	• 演讲时，格外注意是否有人犯困 • 在杂货店里，只关注自己焦虑症发作的征兆 • 担心体检结果，只想着自己可能会得癌症
目光短浅	觉得大祸临头	• 社交焦虑的人在准备工作时，会觉得自己今天肯定要说错话 • 容易担忧的人会坚信自己随时可能被开除 • 害怕呕吐的人担心自己的胃有问题，因为一直有不适感
情感推理	认为自己的焦虑感越强烈，实际的危险越大	• "飞机肯定是危险的，因为我在乘坐飞机时特别焦虑" • 患有急性焦虑症的人在感到强烈的焦虑时，觉得自己失控的可能性会增加 • 容易担忧的人，会在焦虑时更加相信会有坏事发生

（续表）

错误思维	定义	举例
"全或无"思维	认为"危险"和"安全"是非此即彼的，只有一方能存在	• 急性焦虑症患者一感到焦虑就觉得自己的病情很严重 • 社交恐惧症患者相信，自己开口时会被同事瞧不起 • 一个忧虑的人会觉得，自己一旦被开除，就永远都找不到工作了

的想法。举个例子，每次当珍妮特担心自己的工作表现、担心老板是否质疑自己的能力时，她都想不起自己过去取得的成功，也认识不到实

认知疗法能够指导你觉察到自己的认知错误，如此你便可以质疑自己的错误思维，将其调整至对自己有助益的角度。

际上没有任何迹象能表明她很差劲。因为妄下断论、选择性注意、灾难化及其他认知扭曲，珍妮特的思维过程已经被危险性思维（"老板会觉得我能力不够"）锁住了。同样的事情也发生在皮埃尔身上，当他突然感到胸口疼痛时，他会想：我是不是得了心脏病？经过一系列错误认知的叠加，除了心脏病，皮埃尔想不到任何可能引起胸痛的原因（比如他刚刚锻炼完或他刚刚喝了太多咖啡），也想不起来任何自己不可能得心脏病的原因（比如他十分年轻，并没有任何心脏病的风险；或者他才做过体检，结果显示一切正常）。

"我已经无法忍受这种感觉了"

如果你几个月甚至几年，深受焦虑的困扰，那么你应该可以体会

焦虑带来的沮丧感。患有焦虑症的来访者通常会说："我太讨厌这种感觉了。只要让我摆脱这种感觉，让我做什么都可以。"随着时间的推移，深受焦虑困扰的人会产生这样的想法和信念：把焦虑灾难化，对焦虑不耐受。焦虑会变成人们竭尽全力想要规避的危险。以下是一些对焦虑无法忍受的典型信念：

- "我无法忍受焦虑的感觉。"
- "如果我不采取措施控制这种焦虑感，它就会变得非常糟糕（引发心脏病、失去理智、彻底失控，等等）。"
- "除非我采取措施终止焦虑，否则它会不断持续下去。"
- "焦虑比身体疼痛、失望或失去都要糟糕得多。"
- "持续的焦虑有害健康。"
- "焦虑时，我能感到自己就要失控了。"
- "保持冷静，别让自己紧张激动，这一点很重要。"

很多研究都已经发现，焦虑症患者会特别害怕由焦虑引起的生理感觉，这种害怕被称为焦虑敏感性（anxiety sensitivity）。当焦虑感不见丝毫消退时，你可能会有害怕、紧张、心悸甚至窒息的感觉，这些症状会令你觉得大难临头。很多人对焦虑的生理反应感到恐惧，因此会不惜一切代价去解决它。

另一个关于焦虑的信念叫作"无法忍受不确定性"。它是指，人们往往会采用消极的态度去对待无法预料的、不可控制的情形和事件。大部分患有严重焦虑症的患者都更喜欢熟悉和常规的事物，不喜欢意外。而问题就在于，大部分令他们困扰的事物都是发生在未来的不确定事件。比如焦虑对健康的影响：没有人能确定自己是否会生病，但是对于焦虑症患者来说，他们无法忍受这种不确定性；他们希望能确认自己不会得癌症、不会得心脏病等。例如肯长期以来对癌症都有极度的恐惧，尽管多次体检都证明他身体非常好，但是他一感觉身体有不适，就会不断地查阅医药网站。他几乎阅读了所有关于癌症早期检测的读物，就是希望能够确定自己患癌症的概率有多大。他的焦虑完全被"无法忍受不确定性"所控制。他坚信，把不确定性降到最低是非常有必要的。

最后一种关于焦虑的信念是对新事物的不适感。经常焦虑的人常常讨厌新的、无法预期的、不熟悉的情景。新奇的事物被他们看作一种威胁。他们相信自己的焦虑问题在不熟悉的情景中会变得更糟。他们可能会选择和熟悉的事物、人物待在一起，这让他们更加能预料到未来的变化并加以控制。对于焦虑的人来讲，待在一个无法预期、也无法控制的情境中是十分困难的。例如约翰患有社交恐惧症，当他和别人一起工作或遇到有陌生人的社交场合时，他常常觉得格外焦虑。因此，约翰会尽量去他熟悉的地方，和熟人交往。尽管这样做确实减少了他的焦虑感，但也让他付出了很大的代价。他害怕遇到新的、意料之外的社交场合而拒绝社交，因为害怕当众讲话而缺席很多重要会议。正因为他无法应对社交和工作中的不确定性，导致他与晋升失之交臂。

不耐受导致焦虑的延续

想象一下：如果你认定自己无论如何都忍受不了焦虑；如果你害怕

焦虑的生理症状；如果你认为，人们应该尽可能地确定未来要发生的事，不要去新的、陌生的环境，那么你可能会竭尽全力摆脱焦虑的感受。你会发现，越努力摆脱焦虑感，你对焦虑越敏感，焦虑持续的时间越久。

工作表 3.3 是焦虑信念量表。根据你的个人情况，在表的相应位置打钩。对特别符合自己的陈述予以标记。

认知疗法的重点是通过提高个体对焦虑及其生理症状的忍耐力和接受力来减少"因焦虑而焦虑"。

如果你正在接受治疗，你可以和心理治疗师一起讨论。在第五章的阅读中，你将用到这份完成的工作表。

逃　避

如果你认为自己的焦虑是由某个（些）刺激物引起的，那么你会刻意去回避它，并避免进一步的接触。这是个体面对焦虑的自然反应。人们常常通过逃离和回避来控制焦虑感，它们是对恐惧和焦虑的自动防御反应。从表面上看来，用这两种方法控制焦虑的效果立竿见影。回想一下，你有多少次因为尴尬而逃离：在聚会里、在拥挤的杂货店里、在开会中、在一条不熟悉的路线上开车……你开始焦虑，并且越来越严重。如果你马上离开，会发生什么？极有可能，焦虑感立刻就消失了。心理学家将其叫作"战斗或逃跑"反应。人和动物在害怕的时候，都会做出这种反应——要么逃跑，要么坚守阵地勇敢战斗。我们有一位名叫路易丝的来访者，她害怕过桥，因为她害怕开放的空间。多年来，她一直试图避开城市里的大部分桥，这一举动大大限制

工作表 3.3 **焦虑信念评估**

指导：请用下面的五分量表来检验每一条陈述与你的焦虑问题的吻合程度。试着根据写下的答案来弄清自己应该相信焦虑的哪些事实，而不是你认为自己应该相信什么就去相信什么。

描述	完全不同意	不同意	同意	强烈同意	完全同意
1. 我很难忍受焦虑的感觉					
2. 尽可能地控制焦虑是非常重要的					
3. 我尽力缩短自己的焦虑发作时长					
4. 我经常避开一些场景，从而避免焦虑发作					
5. 我担心持久性焦虑给健康带来的长期影响					
6. 对于我来说，焦虑发作要比任何其他经历都痛苦					
7. 要更好地控制住焦虑的想法和感受，这一点非常重要					
8. 重要的是，我不能在别人面前表现出焦虑或紧张					
9. 焦虑的生理症状令我害怕					
10. 我担心，生理症状可能与严重的疾病有关					
11. 如果我不能更好地控制自己的焦虑和担忧，我的精神可能会完全崩溃					
12. 生活的不确定性令我变得更加脆弱					
13. 当我感到疑惑和不确定的时候，我没法好好工作					
14. 疑虑和未知事物令我沮丧，使我焦虑					
15. 我试图尽快解决各种不确定性问题					
16. 避开不熟悉的和意想不到的人、事、物，这一点对我而言非常重要，因为它们会让我更加焦虑					
17. 尽可能多地预见未来，为未知的情况做好准备，这一点非常重要					

资料来源：《焦虑与忧虑手册》大卫·A.克拉克、亚伦·T.贝克 著，吉尔夫特出版社出版。

了她在社区周围的出行范围。我们约在路易丝会避开的一座桥附近见面，目的是让她能够逐渐、心平气和地走近这座桥（这叫作"暴露效应"，详情请见第七章）。在距离桥9米远时，我看到路易丝变得越来越恐慌。她呼吸急促，整个身子都僵硬了。走了两步之后，她突然停下，脸上写满了恐惧。我让她形容一下自己的感觉。她说："我觉得不能呼吸了，腿脚发软。我很害怕，拼尽全力控制自己才没有跑开。"

当我们被焦虑控制的时候，逃跑似乎是最安全的选择。我们很快就会知道什么样的物体、情景或环境会触发自己的焦虑，然后尽可能地不再接触这些触发因素，焦虑发作的可能性就会大大降低。但是，逃离和回避是自然反应这一事实并不能使它们成为减少焦虑的最佳策略。事实上，临床研究人员和心理医生早就得出结论，逃离和回避是造成持久性焦虑的重要因素。以下是逃离与回避的三个主要问题：

1. 让焦虑无法自然减弱；

2. 阻碍你意识到引起焦虑的危险想法是错的；

3. 逃离和回避限制你能做什么、能去哪里、能和谁在一起，让你遭受巨大损失。逃避和回避让你相信自己很软弱、不独立、没信心——最终丧失自己应有的生活。

多年来，心理学家一直在关注焦虑治疗中的来访者对外界事物的逃避问题。但是，最近我们发现，逃避外界事物和生理感受，除了会导致焦虑发作，还会使焦虑感持久不退。有的人会试图逃避那些令其焦虑的想法或想象，比如想象死亡或即将死亡，或心爱的人受重伤，或事业的下滑和失败。也有人可能会避免兴奋、生气、沮丧一类的强烈情绪，他们认为这些情绪是自己失控的迹象，也许会致使焦虑发作。还有一些人会试图避免去做任何导致心跳加快、头晕目眩、恶心胃痛、呼吸急促或流汗的事情，因为这些感觉也与焦虑有关。我们听过很多患有焦虑症的人说："我不喝咖啡也不喝酒，因为我不喜欢它们给我的感觉。"

以下是焦虑症患者会试图避免的一些场景、想法和身体感觉。通读这些列表，哪些例子让你感觉似曾相识？你是否也为了避免焦虑症复发而逃避过任何一个（或者一些）呢？

经常逃避的情境、物体和其他外界因素

- 在陌生的地方开车；

- 独自一人在家；

- 封闭空间（比如电梯，隧道）；

- 看牙医；

- 人群；

- 做演讲；

- 主动跟陌生人搭话；

- 接电话；

- 参加聚会；

- 走在人群面前。

经常逃避的想法、想象与冲动

- 令人厌恶的性想法，比如用不适当的方式抚摸孩子；

- 造成伤害、受伤或死亡的想法；

●亲朋好友、至爱之人会遭遇灾难、坏事的想法；

●令人作呕的想象，如残缺不全的尸体；

●对曾经的个人创伤的回忆或印象；

●在别人面前感到尴尬的想法或印象；

●关于疾病和感染的想法；

●上天的惩罚、世界末日一类的想法；

●怀疑某个人的性取向；

●关于自己的死亡的想法。

经常逃避的生理感觉

●心悸；

●气短；

●头晕目眩；

●出暴汗；

●反胃或想吐；

●视线模糊；

●脸色发红；

●恶心；

●呕吐。

人们为了不感到焦虑，可能会回避很多事情，以上列表只包含了一部分例子。我们发现，每个人都有自己独特的"逃避"现象。有些人主要逃避的是社交和人际沟通的情境，有些人可能会逃避所有（他们认为）会触发焦虑的事情，而对于其他人来说，他们要逃避的是自动浮现在脑海里的沮丧想法或想象。

无论我们因为焦虑逃避了什么，了解自己独有的"逃避"现象都非常重要，因为它是焦虑问题的罪魁祸首之一。通常情况下，一而再，再而三的逃跑和回避会令患者以为，那些关于危险的想法就代表了真正危险的存在，自己太脆弱、太软弱，不能直面恐惧。所以，减少对逃避和回避的依赖，是认知疗法的一个重要目标。

完成工作表 3.4，试着发现一些微妙（也许并不微妙）的方法来避开一些情境、想法或生理感受，以预防焦虑问题进一步恶化。如果你在识别自己的逃避行为上有困难，那么读完第五章和第七章（进一步讲解逃避和回避）之后再来填这个工作表也可以。（第五章中你会用到这个工作表。）

● 疑难解答小贴士

有时候，人们很容易就可以知道，自己是否在逃避。比如有广场恐惧症的人因为害怕急性焦虑症发作，所以拒绝去广场。但有些时候，逃避是很难被察觉的。比如你不爱体育锻炼，是因为你不喜欢上气不接下气的感觉。为了帮你识别出这些微妙的逃避想法、想象和生理感觉，请想出所有你试图避开的活动和经历。问问你自己："我为什么讨厌这个活动？有没有什么特别的想法或生理感觉是我尽力想要避免的？"你可以回顾一下以前的清单，看看自己在这种情境中是否会想要避开一些想法和感觉。如果你在接受焦虑治疗，那么你的治疗师应该能够帮你识别出微妙的逃避想法。

工作表 3.4　找出你在逃避什么

情境、外在触发因素	想法、印象、冲动	生理感觉
请简要阐述，你因为焦虑而经常逃避的情境、物体、人物或其他外在因素。将日常生活中最令你困扰的情境列出来	如果你有因害怕焦虑而尽量不去想的想法、印象或冲动，请将它们列出来。如果有哪些萦绕的想法是最折磨你的，或者你最想摆脱的，也请列出来	列举出让你害怕的身体感觉、经历或症状。你曾经试图阻止这些感觉发生吗？如果你感到了异常的生理症状或感受，你会马上去控制或压抑它吗？

资料来源：《焦虑与忧虑手册》大卫·A.克拉克、亚伦·T.贝克 著，吉尔夫特出版社出版。

寻求安全感

焦虑时,人们往往会说:"真希望自己能冷静下来,放松,对一切泰然处之。"换句话说,当我们察觉到威胁或危险时,当我们感到焦虑时,我们都会渴求安全感。这种对平静和舒适的渴望让我们专注于寻求安全感的行为。这里寻求安全感指的是:

任何想要预防或减少可怕结果的认知反应或行为反应。它也是一种为了重建舒服的平和感和安全感而进行的尝试。

逃离和回避是最常见的用来预防或减少焦虑的方法。以下哪些行为和想法是你用来逃避焦虑的?在符合的选项旁边做个标记,或者与治疗师聊一聊。

寻求安全感的行为方法

● 一察觉到焦虑的苗头便马上离开(逃避);

● 随身携带抗焦虑的药物;

● 带着手机,在焦虑发作时打电话求助;

● 在令你焦虑的情境中,需要朋友或家人的陪伴;

认知疗法能帮助人们减少并最终消除病态的回避行为,从而让焦虑感自然消退。

● 有随时可用的水或其他饮料；

● 焦虑时听听音乐；

● 焦虑时注意放松，或者深呼吸；

● 焦虑时躺下歇一歇；

● 吹口哨，给自己唱首歌；

● 焦虑时紧绷肌肉，或者需要抓住其他物体；

● 不去看自己害怕的东西，分散自己的注意力；

● 寻求他人的安慰。

寻求安全感的认知方法

● 想一些更加积极或更能让你镇静下来的事物；

● 尽量想象自己在一个安全宁静的情境中；

● 尽量安慰自己，一切都会好起来；

● 尽量说服自己，你并不是真的感到焦虑；

● 尽量将注意力集中在手头的事情上，比如工作或开车，不去注意焦虑；

● 祈祷，寻求神灵的保佑；

● 批评自己的焦虑感。

寻求安全感有什么错

当然，尽量保持冷静和安全感似乎听起来不错，但是实际上隐藏着四个缺点：

1. 找到安全线索比找到危险或威胁的线索要难得多；

2.如果你的重点是要立即减轻恐惧，那么你可能会采用一些不当的策略去寻求安全感；

3.它会妨碍你认识到你对威胁或危险的感知是错误的；

4.它让你不切实际地想要消除一切风险的愿望变得更加强烈。

人们很难知道一个情境是否安全，判断是否有潜在的危险却容易得多。比如你正在参加一个社交性的聚会，那么你可能非常容易地通过一些细节线索判断出其他人并不欢迎你：也许有人皱着眉头看着你，或者瞥了你一眼之后继续跟别人谈话。相较之下，找到别人欢迎你的线索就要难得多：你可能没法分辨出那个人的微笑是不是给你的，或者别人看着你是不是在邀请你也参与聊天。因为找到令自己感到舒服和安全的信息太难了，所以你可能更愿意选择那些能迅速减轻焦虑的策略。如果是这样的话，你就没有机会知道，眼前的情况并没有你想象中那么危险，所以你会继续用错误的方法，尽量让自己觉得安全。为了寻求安全感而做出的努力反而导致了焦虑问题的持久延续。

当路易丝试图和治疗师一起接近大桥时，她拿了一瓶果汁在手里，说是因为口渴。但是，当焦虑感越来越强烈时，她开始狂饮果汁。显然，果汁是她为了寻求安全感而准备的。随后，当她来到人行道边，向下俯瞰湍急的河流时，

认知疗法让你不再依赖那些无效的寻求安全的行为，教你在焦虑的情境中如何鉴别出真正有效的行为，从而帮你获得真正的舒心和安全感。

她紧紧握住了人行道上的栏杆。抓住栏杆是另一种寻求安全感的反应。有趣的是，对于她而言，找到这种情境里真正安全的特征是非常简单的：她站在离河面 33 米高的人行道上，胸前有一道栏杆。

做最坏的准备

如果你觉得有糟糕的事情要发生，那么做最坏的打算非常合理。想在灾难来临之前做好应对准备，这也是很正常的。例如：急性焦虑症爆发该如何应对？站在观众面前突然脑子一片空白该怎么办？忘了关机，电脑被黑客入侵了怎么办？焦虑时，人们试图为糟糕、可怕的可能性做准备，这种心理状态即为忧虑。这里忧虑是指：

一连串重复的、不可控的、专注于可能发生的未知坏结果的想法，包括在心里反复预演可能的解决方法，但是这种预演并不能消除被威胁的恐惧感。

忧虑是焦虑的一个非常普遍的特征。人们忧虑急性焦虑症会不会再发作；忧虑自己是不是会生病，会不会已经得了什么可怕的疾病却还没被检查出来；忧虑自己的孩子会不会受伤；忧虑别人会不会认为自己不称职；忧虑自己会不会丢掉工作、破产，以及其他一百万件可能发生的事情……忧虑可能是无穷无尽的。虽然常见的忧虑问题可以总结出几个主要方面，但是令一个人最忧虑的特定事件因人而异。而且，对于有焦虑问题的人而言，忧虑是自然而然自动发生的。在几十年的治疗经历里，没有任何一个焦虑的来访者需要"非常努力才能感到忧虑"。也没有人说过："你知道的，最开始的时候我并不擅长'忧虑'，但是经过很多年的努力与实践之后，现在的我敢非常自信地说，我已经掌握了过度忧虑的技术！"

所以，如果忧虑对于焦虑症患者而言就像呼吸一样自然，那么问题出在哪里？我们已经知道，忧虑是焦虑症中的一个问题，因为：

● 它让你专注于关于威胁和危险的想法；

● 它的难以控制性让你感到更无助；

● 它助长了一种不确定感，因为它总是面向未来，而未来是不确定的；

● 它是一种针对焦虑核心恐惧的逃避反应。

罗恩一直担心自己的健康，他的例子可以很好地说明忧虑的负面影响。罗恩害怕自己会得癌症，这种想法迫使他总得去检查身体，以预防疼痛、痛苦或其他异常的身体感觉。如果他看到了红点或皮疹，他就会担心这可能是皮肤癌。因为忧虑，他哪儿也不能去，因为他会为诸如此类的想法所阻：如果是皮肤癌怎么办？我怎么才能确定这不是皮肤癌？这些症状可能是癌症前期的体现，最终会变成皮肤癌，只是现在还太早，检查不出来而已。尽管罗恩采用了很多办法来让自己镇定下来，比如搜索医疗网站、询问亲戚朋友，甚至反复咨询家庭医生，但是他仍然会因为红点而感到焦虑，直到它们消失为止。罗恩的忧虑是他焦虑的主要原因，因为忧虑让他一直把注意力放在威胁（红点可能是癌症）上。此外，因为不能停止忧虑，他觉得很绝望。忧虑让罗恩把自己困囿于未来的不确定性中（然而，没人能知道明天会是什么样的）。罗恩对红点和癌变的忧虑，意味着他不肯面对癌症诊断和可能死亡的核心恐惧。

对于你而言，如果忧虑是焦虑的一个重要私人问题，那么专门讲忧虑的第十一章会特别有用。同时，在工作表 3.5 里写下焦虑时你会忧虑的事物。如果你选择通读第十一章，那么这些信息都会用得到。

我们的认知疗法可以教你如何把过度焦虑转化为现实中的问题并解决掉，让焦虑不再操纵你，让你不再只专注于想象中的未知威胁或危险。

工作表 3.5 列出令你焦虑的担忧清单

提示：你可能有很多烦心事，也可能只被一两件主要的事情所扰。现在，你只需要列出一个简单的担忧清单即可。

1. _____

   _____

2. _____

   _____

3. _____

   _____

4. _____

   _____

5. _____

   _____

资料来源：《焦虑与忧虑手册》大卫·A.克拉克、亚伦·T.贝克 著，吉尔夫特出版社出版。

做好行动的准备

想要从认知疗法中受益，你就得明白焦虑心理的原理——焦虑会持续，是因为你的大脑在自动处理威胁和安全的信息。在本章中，我们讨论了导致持久性焦虑思维的八个方面：

● 自动的灾难化思维；

● 因焦虑感而产生的无助感；

● 对于威胁和危险的错误认识；

● 对焦虑感高度敏感；

● 对不熟悉的事物和不确定性低容忍度；

● 依赖逃离和回避这两种应对焦虑的策略；

● 寻求镇定和安全；

● 过度忧虑。

你现在已经知道，焦虑的各个方面是如何组合在一起以维持焦虑水平的——这是克服恐惧和焦虑的关键性一步。现在，你几乎已经准备好要进行认知治疗计划的第一步了，其中包括对焦虑思维和行为的各个方面进行更为具体的评估，从而做出一张"地图"，来看你是如何焦虑地思考的。完成第五章的阅读，"地图"便会出现。它为你在第八章将要完成的认知干预计划打下基础。然而，你要明白，就像要开始健身计划一样，首先你要做好准备：了解自己的假设和预期，弄明白自己是否已经准备好要开始一项治疗计划。

本章总结

1. 焦虑会自然消退，除非有触发因素激发出焦虑感，让它反复发生并持续很久。

2. 不自觉地夸大日常生活中危险或威胁的可能性和严重性（比如灾难性的思考），是构成长期焦虑的核心恐惧。

3. 焦虑的人会倾向于认为自己非常软弱、无助、脆弱，以至于他们低估了自己应付恐惧的能力。

4. 人们在焦虑时往往会在思考上犯很多错误，所以他们仍然会有选择性地去关注一些威胁和危险。

5. 随着时间的推移，焦虑的人会更加无法忍受焦虑感、不确定感，以及由此引发的生理症状，所以他们会"因为焦虑而焦虑"。

6. 焦虑的人往往不能容忍不确定性，在新的或陌生的环境中，会觉得非常不舒服，这就导致他们会觉得生活好像"无聊得要死"。

7. 逃离和回避是最常见、也最无用的应对长期焦虑的策略。

8. 焦虑的人往往会通过错误的策略寻找安全感，从而获得一种即时的缓解，以及短暂的舒服又安全的感觉。

9. 忧虑是长期焦虑的一个常见的特点，让人对外界的威胁性和危险性产生偏见。

治疗的开始

第四章

与身体健康一样，保持心理和情感的
健康也要付诸行动。认知疗法是一种心理
健康训练计划，它可以帮你锻炼心理力量，
使你可以从容面对日常生活中的压力、恐
惧和焦虑。

提到保持健康的重要性，你肯定首先想到的是身体健康。每天，我们都会接触到很多强调身体健康的信息。那么，心理健康呢？美国陆军的指挥医生将心理健康描述为"有足够的心理强度、能力和灵活度来成功有效地应对日常生活中的种种压力、问题、逆境、痛苦和沮丧"。听起来，心理健康和身体健康一样重要，你觉得呢？

我们都知道怎样才能保持自己的身体健康：一份常规的训练计划就能让我们保持身体强壮、身手敏捷、适应性强。心理健康的维系也是如此。我们可以制订一份与锻炼身体相似的日常心理训练计划，使自己在心理和情感上变得更加坚强。久坐对身体危害极大，为了身体健康，我们会尽量摆脱这种生活习惯；同样，我们也可以努力减轻焦虑对生活的破坏性影响。这就是认知疗法和这本书的全部内容。

然而，严格履行健身计划的人都清楚，常规锻炼和均衡饮食说起来容易做起来难。最初的热情消退，计划瓦解，决心坍塌，然后各种借口便似乎越来越合理。即便是最坚定的健身爱好者也会发现坚持天天锻炼是件挺难的事。所幸，坚持下来的人对锻炼的好处深有体会，以至于即便坚持不下去了，他们也会想念从前锻炼的日子。我们相信，投入本书的阅读中后，你也会有同样的体会。这也就是为什么这一章节如此重要：用可以减轻焦虑的精神装备来武装自己，给自己一个机会去了解认知疗法能带来的益处，并且从中获益。

不同的起点

无论起点在哪里，我们都可以走向健康、完整的心理。由于过去的逆境、艰难的童年、家庭史和生理遗传等因素的差异，我们可能拥有不同的心理状态，也因此有些人可能需要付出更多的努力，但总的来说，每个人都可以改善自己的心理健康状态。你有没有对自己许下承诺，一定要开心起来呢？也许你已经尝试了某种疗法，但是收效甚微，或者治标不治本。如果是这样，请你放心，大量数据和事实已经证实，认知疗法能长期改善焦虑问题，本书涉及的很多内容都可以帮助你永久性地改变焦虑的心理状态。你准备好做出改变，从心理层面上提高自己，以更好的面貌去面对日常生活中的逆境和挑战了吗？

> **与身体健康一样，保持心理和情感的健康也要付诸行动。认知疗法是一种心理健康训练计划，它可以帮你锻炼心理力量，使你可以从容面对日常生活中的压力、恐惧和焦虑。**

什么是心理自助练习

有关认知疗法的研究结果表明，与不做家庭练习的人相比，完成家庭练习的人在焦虑或者抑郁方面会有更大的改善。作业对于自助类书籍的重要性不言自明。

在本书中，作业或者自助练习被定义为：

任何具体的、明确的、有组织的活动，都可以在家里、工作中或者社区里进行，目的是观察、评估或者改正焦虑症中典型的错误认知和不适性行为。

比如达雷尔觉得公共场合会引发他的急性焦虑症（恐慌症），因此避免去人多的地方。对于他来说，心理自助练习的重点便是要明白——触发焦虑的不是人多的地方，而是自己把心跳加快误解成心脏病突发的迹象。杰西卡的担心涉及生活的方方面面——女儿的健康、婚姻是否能够继续、年迈母亲的晚年生活等。她需要练习觉察自己的焦虑想法，明白一个事实：忧虑是在为发生概率极低，甚至不可能发生的最坏结果做准备。黛博拉一想到社交场合就会极度焦虑，因为她坚信自己是唯一一个会如此焦虑的人，并且在社交场合中会不可避免地感到尴尬。那么，她的练习重点是让她明白，很多人都会在社交场合中感到某种程度的焦虑，但并不影响他们的表现。

填完所有的工作表和问卷，会大大提升治疗或自助练习的效果。事实上，在治疗过程中不做家庭练习，是治疗进度停滞不前的主要原因之一。

或许你会觉得这些都是听起来容易、做起来难的。在读本书时（或者治疗时），你可能会带入很多先入为主的观念，对自助练习的有效性和认知疗法的技术有一些自己的看法。如果你能完成这些由认知疗法的各种工具和技术精心组成的练习，你会慢慢地发现，自己开始能够预测到生活中的绊脚石都是什么，也能慢慢消除焦虑在生活中的负面影响。但是，如果你还存有一些困惑，无法投入本书的阅读中，那么现在是时候清除掉会妨碍治疗的先入之见了。你可能非常想要解决自己的焦虑问题，并且相信自己正在以一种开放的心态进入这个计划中来，但情况常常是，某些怀疑和困惑会潜伏在你的内心深处，时时刻刻都准备着在你不经意时突然冒出来，破坏掉之前所有的付出和努力。所以，把这些隐患揭露出来，并把它们解决掉，你才能在本书的阅读中（或者治疗里）获得最大的收益。

如果你希望自己的焦虑得到改善，那么准备好做家庭作业吧！

你对认知疗法练习的看法是什么

你是否完全了解自己对认知疗法中的自助练习和家庭练习的看法？花几分钟填写工作表 4.1，对自己进行测评。

结果怎么样？我们不能精确地告诉你多少分数能代表你已经做好接受认知疗法的准备。你可以浏览一下，对于列表中的每一条陈述，你是"同意"还是"强烈同意"。通过这些想法，你会知道自己对治疗的态度如何，能多大程度上投入治疗中去。如果你对投入焦虑治疗仍然心怀抗拒，那么下述的几条建议可以帮助你利用工作表里的信息来克服这种抗拒。

● 在纸上写下自己表示"同意"和"强烈同意"的条目；

● 从辩证的角度思考这些条目。这么想的后果是什么？你的思维是否存在错误或者扭曲（见表 3.2）？

● 用"身体健康或者不健康"代替思想里的"焦虑"（例如我不做健身练习也能让身体保持健康）。如果是身体健康的话，你觉得这种说法对吗？如果这种说法对于身体健康而言是不成立的，那么它怎

工作表 4.1　确定你对自助性作业的看法

说明：请阅读每个语句，根据你对它们的同意程度或不同意程度圈出对应的数字。

想法	强烈反对	反对	同意	强烈同意
1. 做这些作业让我更焦虑了	1	2	3	4
2. 没必要尝试；没什么可以帮到我	1	2	3	4
3. 我没必要练习任何技巧去克服焦虑	1	2	3	4
4. 我现在太焦虑了，没办法做作业	1	2	3	4
5. 我的焦虑程度还可以；我不想冒着让事情变得更糟糕的风险做自助练习	1	2	3	4
6. 我不相信这些练习能有效减少焦虑	1	2	3	4
7. 我是一个做事拖拉的人，我总是很难激励自己做额外的工作	1	2	3	4
8. 我的焦虑问题没有任何好转，何必这么麻烦做什么练习呢？	1	2	3	4
9. 我太累了、压力太大了，所以没法做自助练习	1	2	3	4
10. 这些练习太琐碎了，我不明白它们怎么能帮我战胜焦虑	1	2	3	4
11. 我太忙了，不可能每天都抽时间做这些心理自助练习	1	2	3	4

（续表）

想法	强烈反对	反对	同意	强烈同意
12. 焦虑是一种身体状况，我不必拼尽全力去摆脱，顺其自然就好	1	2	3	4
13. 其他成功克服焦虑的人并没有投入这么多精力	1	2	3	4
14. 我需要发现焦虑中的根本原因，我不知道这些练习能有什么效果	1	2	3	4
15. 如果我不能正确地练习，反而适得其反，令焦虑更严重了怎么办？	1	2	3	4
16. 我讨厌写东西，我也从来不做记录	1	2	3	4
17. 我没有做这种治疗的动机和自制力	1	2	3	4
18. 这些练习太难了，一定有更简单的方法可以克服焦虑	1	2	3	4
19. 即便只做一点儿家庭作业也总比什么都不做要好	1	2	3	4
20. 就算我不做自助练习，上治疗课程或者读一些与焦虑有关的书籍也应该会有些帮助	1	2	3	4
21. 我从小就不爱做家庭作业	1	2	3	4
22. 我不喜欢遵守死板的计划，我更喜欢用自己的方式做事	1	2	3	4
23. 我不做这些家庭作业也同样可以克服焦虑	1	2	3	4
24. 以前我不需要做练习也能一定程度上缓解焦虑，所以现在我也没必要做这些	1	2	3	4
25. 这些练习太苛刻了，我真是不明白它们怎么能帮助我克服焦虑	1	2	3	4

资料来源：《焦虑与忧虑手册》大卫·A.克拉克、亚伦·T.贝克 著，吉尔夫特出版社出版。

么能够适用于心理健康呢？你可以和朋友们聊聊，在健身计划进行过程中，他们是怎么克服这些想法的；

　　●行动起来，做一些可以测试出或者纠正这些错误想法的小事（例如你觉得自己不能自觉坚持自助作业，你可以从每天只需要几分钟的小练习开始做起）。

> ### ● 疑难解答小贴士
>
> 　　如果你还在犹豫着要不要开始做本书中的练习，同时也在进行专业的心理治疗，那么请和治疗师聊一聊你的困惑和犹豫，这些错误的想法会成为你治疗进展中的阻碍。如果你是在自行阅读本书，那么请与接受治疗并痊愈的人们聊一聊，看看练习在他们的康复过程中起着怎样的作用。当然了，我们并不是要求你每天都要做所有的练习。相反，在大多数情况下，你只需要每天抽出 20 ~ 30 分钟的时间，每次认真完成一个练习即可。中国有句老话叫"千里之行，始于足下"，这也是本书的观点。如果你已经读到了这儿，那么恭喜你，你已经有了一个非常好的开始。现在，你做好"痊愈"的准备了吗？

你对认知疗法有哪些了解和认识

　　如果你十分怀疑认知疗法的功效，那么你可能没法坚持读到这里。但是对于认知疗法，如果你有过如下误解，那么你可能会在阅读本书的过程中越来越没有自信，丧失动力。我们来一起看一下这些想法，只有究其根源，才能消除误解。

误解：认知疗法过于理性，并不能改善情绪方面的问题。

事实：的确，认知疗法的关注点主要在我们的思考和行动上。但是，它所看重的思考和信念都是情绪化的——因为它要改善的是情绪问题，而不是智力问题。认知疗法与情绪变化密切相关，而在本书中，我们让读者坚持做的也正是观察、记录和理解自己的感受。

误解：只有受过高等教育的人或者非常聪明的人才能从认知疗法中受益。

事实：如果想通过认知疗法获得治疗，观察性思维、评估和自我反思的能力是关键，这些远比学历和智商重要得多。

误解：认知疗法太死板了，考虑不到个体独特的需求和所处的环境。

事实：在下一章中，你将制作自己的焦虑档案。届时你会发现，认知疗法充分考虑了个体的独特性，非常适用于个人独特的焦虑体验。

误解：认知疗法太肤浅了，只能处理症状，并不能根据根本原因对症下药。

事实：请回忆一下第三章，认知疗法考虑的都是焦虑中最基本的要素，比如自发产生的想法及恐惧无助的感觉。由于找到了这些认知上的"根本原因"并对症下药，认知疗法的功效往往比药物治疗更持久。

误解：如果你正在服用治疗焦虑症的药物，那么认知疗法对你而言就不管用了。

事实：科学研究和我们的临床经验都表明，正在进行药物治疗的焦虑症患者会非常显著地从认知疗法中受益。

误解：要想让认知疗法发挥作用，你必须思维清晰有条理，并且非常自律。

事实：没有任何研究结果支持这类说法。

误解：认知疗法完全忽略了个体的过去。

事实：认知疗法确实更加关注个体的现在，但是如果过去的不幸遭遇和童年的逆境会严重影响个体现在的情感功能，那么认知疗法也会把"过去"考虑进来。

误解：认知疗法仅对轻度或中度的焦虑症有效。

事实：有研究正式评估了认知疗法的效果，其结果表明，患有严重焦虑症的个体在接受了治疗之后，其症状得到了显著的改善。

误解：认知疗法就是让人们"聊聊自己的焦虑"的一种"谈话治疗"。

事实：行为改变是认知疗法的一个重要组成部分。改变思维方式固然重要，但同样关键的是改变自己的行为，并根据具体情况采取不同的行动以应对焦虑。

误解：认知疗法强调"正面思考的力量"，其实就是心灵鸡汤。

事实：认知疗法强调"现实思维"的重要性，而不是"积极思维"。认知疗法教人们不去想一些不切实际的、被夸大的事情，而是多用准确、现实的思考去评断普通日常活动中的危险，从而减轻焦虑。

误解：认知疗法起效慢，可能要很多周以后才能看到明显的疗效。

事实：上完前几节课后，来访者就可以看到非常明显的效果了。4 ~ 6 周之后，来访者可以感受到非常显著的改善。

误解：在认知疗法中，焦虑几乎不会突然减轻。

事实：正式接受认知治疗的人在两周之内会感受到焦虑突然减轻，但是目前还不清楚，这种突然的改变是否也会发生在进行自助性认知疗法的人身上。

● 疑难解答小贴士

如果在以后的阅读中遇到了瓶颈，那么请你回过头来看看上面这个清单，反思一下你的心中是不是滋生了以上任何一种误解。如果是，那么请你认真思考，事实究竟是什么。你可以试着在实践认知疗法之前不去评价它，先针对自己的某个焦虑体验，用两到三周的时间选择第六章或者第七章的一两个练习做一下。观察一下这些练习对你的焦虑产生了什么影响，再决定是否要继续使用认知疗法。你自己的经验才是最可靠的。如果你正在接受认知治疗师的治疗，那么和治疗师聊聊你的担忧吧。看到练习的效果之后，你便能够做好实施完整认知治疗计划（第八章中会介绍）的准备了。

将成功最大化

除了摆脱对本书内容的偏见，以及其他先入为主的成见，你还可以采取以下两种措施：有效的自助练习和完成工作表，这将使你的努力获得最佳效果。

有效的自助练习

首先，在做自助练习之前，看一下它的结构和内容是否包含有助于治疗成功的因素。并不是所有的自助练习都是一样的，一个构造不合理的练习可能一点儿效果都没有，甚至对焦虑治疗有害。

多年来，44 岁的厄尔先生一直担心自己和亲人朋友会受到伤害，因此感到心烦意乱。例如：他曾想过朋友开车不安全，然后便开始担心他是否真的会出车祸；或者他会想某个家人生了病，然后开始担心他或她是不是真的可能得重病。厄尔每天都有好几次类似的可怕想法，他也曾试过做别的事情来分散注意力，不去想那些可怕的事情，尽力让自己安心，相信一切都会好起来。

为了克服由不安引发的焦虑，厄尔需要做一些练习，好让他接触到焦虑的触发因素，并通过练习纠正对危险的自动化思维（比如"我这么担心有坏事发生的话，也许真有人要倒霉了"），不再在忧虑上耗费精力。但是，厄尔对做家庭练习完全没兴趣。他更愿意上一些治疗课程，聊聊自己的焦虑，但是却不愿多花时间把治疗应用到生活中。厄尔虽然完成了几项治疗师推荐的练习，但是没有一样对他起作用。他很害怕这些练习会让他更焦虑。他对治疗越发不耐烦，也不想花时间写家庭练习的书面报告。做练习的时候，他一感到焦虑便会停下。最后，整个过程对他的病情毫无作用，这令厄尔非常沮丧。虽然厄尔认真地上了治疗的课程，但是他并不能让自己不再焦虑和杞人忧天。

　　上面的例子中，到底哪里出了问题？厄尔的努力中缺少了很多对于自助练习而言至关重要的因素：

1.明确的理由　　　　　　练习必须针对焦虑的某个方面，其目的是帮助焦虑症患者减轻焦虑。

2.投资回报率视角　　　　开始练习之前，你要清楚做这个练习的投入和回报分别是什么。

3.准确的描述　　　　　　你要知道这个练习需要你做什么、什么时候做、要做多久。除此之外，你也必须十分清楚，做完这个练习之后，你期待看到什么样的结果。

4.循序渐进的步骤　　　　每一个练习都是系统性练习计划的一部分。对于练习计划，你应该从下至上循序渐进，从较低水平的焦虑开始，然后再去进行与强烈焦虑感有关的任务。

5.保持记录	每次做自助练习时，都要把自己的行为、想法和焦虑等级做一个简短的描述性记录。保持良好的记录也是系统有效的自助心理练习计划中的一部分。
6.练习，练习，再练习	在开始更高一级的训练之前，要反复地做手头的练习，如果可能的话，每天都做一做也是可以的。就如身体锻炼一样，认知疗法失败的大多数原因都在于人们没有投入足够的时间到自助练习中去。
7.总结与反思	完成练习之后，评价一下自己的成绩，总结出完成这个练习对你的焦虑有什么影响。你达到了既定目标吗？如果没有，你遇到了什么障碍？下次做练习的时候要如何进行改善？

在上文的例子中，厄尔不清楚治疗师布置的练习会给他自己带来什么好处，所以他没有坚持完成任务，也没有一步一步地朝自己的目标努力。他不想浪费时间，便没有把练习的感受记录下来；他从不会去考虑哪里出了问题，也不会想要怎么解决问题。

贝琳达，32岁，患有严重的社交恐惧症，为了治好自己的社交恐惧症，她用尽了认知疗法的各种办法。有其他人在身边的时候，贝琳达会觉得自己非常显眼，认为别人可能看出来她很紧张，然后觉得她是不是有什么毛病。她的自助练习是去接触那些令她焦虑的社交情境，这些情境可能触发的焦虑感会从轻到重逐渐增加。她每天都会做练习，井井有条地记录自己的进步和评分的变化。如果某个练习让她感到特别为难，她就会把这个练习记在评价表格上，然后想办法解决。她把这些练习视为宝贵的机会，训练自己不再把恐惧和危险的想法夸大，改善自己在焦虑来临时的反应和处理方式。经过几周的日常系统练习后，贝琳达发现，自己在很多日常社交场合里都没那么焦虑了，而且对自己的社交技能也更加有自信了。

本章开始时介绍的三个人——达雷尔、杰西卡和黛博拉——也在做适合自己的家庭练习。

达雷尔的练习是在早上人少的时候去超市。他要站在商店前方靠近出口的位置，感受自己的焦虑程度，观察生理症状，识别出焦虑的想法，并且找出产生这些症状的原因。他尽量从不同的角度理解自己的状况，而不是用非常可怕的想法去解读这些生理症状。等到焦虑水平降到了最高水平的一半时，达雷尔才离开。达雷尔每天都会去这家商店，直到他不再害怕为止——就是他在商店前面也不会感到任何焦虑的时候。解决这个问题之后，他就开始处理其他的焦虑情境，比如长时间在商店里购物。

而杰西卡在治疗中明白了有效忧虑和无效忧虑之间的区别（如果你现在并没有接受治疗，你会在第十一章中了解它们的区别）。她拿到了一张表格，上面罗列着两种忧虑的特点。治疗师让她在随后的一周里把自己每一天的忧虑片段记录下来，然后在表格上标记出，她的忧虑应归类为哪一种。她惊讶地发现，自己的忧虑中有三分之二都是没有任何作用的，也就是说，这些忧虑并不能帮她为可能发生的坏事做准备。然后，治疗师利用这些信息评估了她因忧虑产生的错误想法，提出多种策略帮助她应对无效忧虑。对于杰西卡而言，心理健康的一部分就是要积极地审视自己的忧虑，并且以新的视角去看待它。

我们前面提到过，黛博拉总是觉得只有她一个人会焦虑，她认为这种焦虑会令自己一直处于尴尬的境地。为了考察这个想法是否客观，黛博拉的治疗师让她观察别人是否焦虑，并评价其焦虑程度，在下一次的面谈中报告。她要记下别人身上显露出来的焦虑迹象，并且在一个 0 到 100 的量表上给焦虑的程度评级。除此之外，黛博拉还需要观察和记录在焦虑状态下这些人在面谈时表现得如何。这种自助练习在黛博拉的治疗中起到了关键作用：她明白了，焦虑是非常常见的，也并非总会导致灾难性的后果；即使焦虑，人们仍然可以表现得非常好。黛博拉不再像从前那样看待焦虑，现在的她，即便在非常焦虑的状态下，也敢于表达自己的意见。

这三个人都通过自助练习取得了进步，他们每次就一种焦虑问题进行练习，逐个击破，慢慢地从焦虑中解脱出来。接触到令人害怕的事物时，每个人都会感到更加焦虑，但即便是这样，他们也没有放弃。就像健身一样：最开始的项目只有一点点挑战性，完成之后，你会慢慢增加训练的强度，如果想要变得更强，就必须坚持下去。同样地，在焦虑治疗中，想要获得更多改善，以下几条成功准则一定要牢记于心。

1. 为自己腾出时间。如果你不确定是否能腾出时间做本书中的认知疗法练习，那么请想一想你在焦虑中浪费了多少时间。考虑一下，你每天忧虑多久，又有多少时间是在失眠中度过的，现在再去想想看，与上述这些时间相比，练习需要的时间其实非常少。在减轻焦虑的练习上投入一点儿时间，将来可以收获的是更高的效率和生产力。

2．低起点，逐渐加强。你应该听说过一句话，叫作"罗马不是一天建成的"，利用认知疗法治疗焦虑也是一样。如果你对焦虑非常敏感，甚至一点儿都不能容忍（见第三章），那你就不要急于求成，一下子做太多练习会压垮自己。从一些比较温和的、中等程度的焦虑情境入手，慢慢地尝试更强烈的焦虑情境，这样练习的效果会比较好。

3．自己掌握好节奏。如果你参加过越野赛，那么你一定知道，完成比赛的关键是保持速度稳定。认知疗法也是一样，每天都做一点儿要比三天打鱼两天晒网好得多。以适合自己的速度，每天都读一点儿书，确保自己每天都能花点儿时间做练习。

4．坚持做记录。没有什么可以替代练习记录。书面记录很重要，它能帮助你破除引发焦虑的某些自动反应。没有捷径，你必须要把完成的任务和练习都记下来。

5．捕捉自己的想法。做练习的时候，你要关注一下自己是怎么想的。如果你很焦虑，把脑海里被夸大的恐惧和威胁都记下来。你的想法有错误或者扭曲吗？你觉得自己很无助、没法忍受焦虑吗？你想逃避吗？你会依赖错误的安全感吗？觉察你的焦虑思维并且学着纠正（参见第六章），这是减少焦虑的重要策略。

6．有耐心，别放弃。一旦焦虑慢慢滋长，占据了内心，人们的本能反应就是逃跑！这是很正常的，不要放弃，坚持练习。把大段的时间分割成一个个小单位，集中精力朝下一个目标努力（比如"我要在这里待上 10 分钟，一旦完成，我会再待 10 分钟，然后再继续下去"）。这是跑步者在累了、痛了以及想要放弃时仍然可以完成比赛的方法。

7.庆祝成功。很多人在一开始使用认知疗法的时候便可以马上看到效果。看到自己

与健身一样，能否坚持每日练习决定了认知疗法治疗焦虑的效果。采取一种可行的方法，并决心坚持下去，能够增强认知疗法的效果，有效减轻焦虑症状。

的成功，庆祝自己在克服焦虑的道路上取得的每一个进步，这一点非常重要。毕竟，你是做出改变的那个人，你需要鼓励自己。同时，你也要知道，这条路不会都是坦途，一定也会有挫折和失望。但是不要放弃，在问题面前，你需要好好分析自己的练习为什么进行得不顺利。使用针对性比较强的方法，看看自己可以做什么改变来战胜困境。

8.不要试图对抗焦虑，让它自行消失。焦虑感就像人被困在网里，越挣扎缠得越紧。在做练习时，你要注意，总想要"控制"住焦虑，可能会让情况变得更糟糕。相反，接受自己的焦虑状态，让焦虑自然地慢慢消退（回顾第二章），效果会更好。

完成工作表

书面记录对于改变焦虑想法来说太重要了，真是怎么强调都不为过。在本书中，你将填写两种工作表：（1）一些用来记录焦虑触发因素、你的应对反应和其他与焦虑有关的量表和日记；（2）一些用来计划、执行以及记下你为改善某些焦虑问题而付出的努力的表格。在之前的章节里，你已经填了几个第一种的表格，在第五章里你还要填一些。一旦你开始用第六章和第七章介绍的认知疗法去处理某些焦虑触发因素，你就

会用到第二种工作表。但是与此同时，你还是要用工作表来给自己的焦虑评等级，用这种方法来跟踪你的进展、识别障碍，并修改后继策略。以下是令工作表发挥最大效用的几条建议：

● 自行完成工作表，这样你才能看到自己对焦虑的理解。

● 按照说明，尽量回答工作表上的所有问题。

● 不用太担心填写的内容是否足够准确。随着时间的推移，你会填得越来越好。

● 不要做"完美主义者"。你的工作表不必完美，把它们看作"未完待续"——一个学习的机会。

● 在焦虑发作时或者发作后，一定要及时填写工作表。

● 当感受到焦虑时，尽快填写工作表。如果等到几小时后甚至几天之后再填写，你可能会忘了很多有用的信息。

● 不要去修改以前填写过的内容，最开始的、即时的反应可能就是最好的。

● 疑难解答小贴士

　　在填写上一章的工作表时有困难吗？如果有，读完本章以后再去回顾一下。找到可能出错的地方，然后对自助练习的方法做出改善。比如：你是不是事事要求完美？或者有没有在感到焦虑的时候及时完成工作表？这些都可以在后面章节的阅读和练习过程中做出改变。如果你正在接受正规治疗，那么和你的治疗师聊一聊作业练习中遇到的问题吧。

本章总结

1. 心理健康是应对压力、焦虑和恐惧的必要条件。

2. 不管你有怎样的性格和人生经历，心理健康状态都不会毫无理由地改变。想要变得健康，就要下定决心，做出努力，参与到有效的治疗项目中来。

3. 本书中介绍的认知疗法是一种旨在减轻恐惧和焦虑的心理健康训练项目。

4. 完成自助练习是认知疗法中至关重要的一部分。想要治愈，就必须把本书中学到的知识和技能应用到实践中去。事实就是如此简单：坚持完成工作表练习，会令焦虑治疗更有成效。

5. 有效的自助练习应该包括：坚实的理论基础、精确的描述、系统性、循序渐进、书面记录与评估，以及鼓励日常反复练习。

6. 想一想你自己是否持有任何消极的信念或者期待才导致没有动力去完成自助练习（见工作表 4.1）。衡量一下，让这些信念扎根于心会带来什么后果，以及你是否能够以一种更加平衡、现实的视角去看待练习，好让自己能更加专注于认知疗法的练习。

7. 每天都为焦虑治疗留出一些时间。安排一个特定的时间和场所来完成自助练习。

8. 用一种平衡的、现实的眼光去理解和看待练习项目。如果有任何会影响你接受本书治疗计划的想法，把它们记下来，然后去改正。

◇

　　如果想要在本书中获得最多的收益，就从把练习安排到你的日常生活中开始。通过练习来提高自己捕捉焦虑思维的技能，同时增强自己在焦虑发作时随机应变的能力。最重要的是，让焦虑自然地消退，并且坚持练习，学会将本书中的认知技巧和行为技巧应用到日常生活的焦虑情境中去。

创建 "焦虑档案"

第五章

在正式开始治疗之前，建立个人的
"焦虑档案"，可以帮助你锚定自身特定的
问题，再施以行为治疗方法和认知治疗方
法对症下药，这样才能更有效地改善持续
发作的焦虑问题。

贝丝是一位 36 岁的母亲，有一天她来到了我的办公室。她安静地坐着，垂着眼睑，等我开口说话。她看起来非常紧张，因为这是她第一次寻求职业治疗师的帮助。做完了一些常规介绍之后，我问贝丝，为什么看心理医生。她开始给我讲述她的故事，我边听边观察，她整个人的状态是：身体紧绷、声音紧张、坐立不安。很明显，焦虑时时刻刻都在刺激她。

评估结果表明，贝丝患有急性焦虑症。她太焦虑了，以至于很多工作都做不了。最近，她因为连续旷工而被警告，甚至有可能会丢了饭碗。急性焦虑症和日常生活中的焦虑与担忧会在很多事情上让人感觉无力。对于贝丝来说，她越来越"害怕人"。社交场合会让她的焦虑更加严重，所以她开始避开人多的地方，然后慢慢回避社交聚会，再然后，一些像晚餐邀请或者介绍新朋友这类的小事她也会拒绝，现在的她甚至已经不愿意和朋友或者家人互动了。她不回电话，也不回短信。除了工作，她几乎足不出户，家成为唯一的"避风港"。贝丝的丈夫很恼火，因为她哪里也不去，谁都不接触。焦虑正在毁掉贝丝的生活，再这样下去被毁掉的可能就是她的工作和婚姻！

在第一节课上，贝丝透露了一些令她无力应对焦虑的原因。两年前，为了让丈夫晋升，他们一家人搬到了北方。但是她并不喜欢新环境，非常想念自己的老朋友。现在的她，住在一个离娘家几百千米远的地方。因为焦虑，她没法负担这么远的行程，已经很久没回过娘家了。她在电话咨询中心找到了一份工作，虽然和她的专业完全不对口，但是她别无选择。与此同时，10 岁的儿子没法适应新学校，8 岁的女儿想念以前的朋友，这些都令贝丝的情况更加糟糕。这个家里的每个人都很痛苦和绝

望——除了贝丝的丈夫，因为他搬家就是为了升职。贝丝非常孤独、气
馁，担心自己和这个家庭的未来。

　　就如贝丝的情况一样，焦虑症很复杂，因为每个人的故事、环
境、境遇都是独一无二的。如果你正在接受治疗师的专业治疗，她或
他一定要花一些时间提问、探究、总结、解读面谈和问卷的答案，这
样才能彻底了解你的焦虑情况。认知治疗师会通过详细的临床性访
谈、布置各种在家里就能完成的问卷、让来访者记日记、评估他们的
焦虑体验等一系列措施对来访者的焦虑问题做出评估。第二次或第三
次面谈的时候，治疗师会把这些信息分享给来访者，并跟来访者解
释，如何从认知角度理解他们的焦虑。

　　本章的主要内容是评估（第一章中也有介绍）。我们会让你大致
了解，治疗师评估的准则是什么，以及如果自行使用本书，你应该怎
样对自己进行评估。你要知道，只有专业的心理健康专家才能准确地
诊断焦虑问题。但是本章的表格能帮你收集足够的信息去了解焦虑，
使你能够用自己的方式显著地减轻焦虑。

了解你的焦虑

　　读完本章，你将能够对自己的焦虑问题进行认知行为评估。我们
将评估要用到的材料称为"焦虑档案"。它包括很多信息，比如你目
前的问题和焦虑发作时的想法、感受、行为以及生理症状。你的"焦
虑档案"会总结出，什么因素会触发你的焦虑，以及如何应对那些产

生焦虑的情景。此外,"焦虑
档案"会特别关注你的焦虑
想法,以及一些相应的细节,
由此你将了解自己在焦虑时

> **不论是有治疗师的帮助,还是你自行使用本书,对于绘制治疗"路线图"而言,评估都至关重要。**

的思维模式。以上是你将用本章的工作表进行探究的主要内容。

"我感觉很糟糕"

焦虑可能有各种各样的表现形式,但是不论是什么形式,其程度每天都会浮动。想要确定自己在克服焦虑的过程中取得了多少进步,就必须每天检测焦虑水平。如果本书的练习对你有效,那么效果之一肯定就是减轻了你的日常焦虑程度。令贝丝惊讶的是,"日常焦虑评分"记录的低焦虑水平的日子要比她意识到的更多。请用工作表 5.1 来检测你的广泛性焦虑水平。把空白表格多复制几份,这样你不仅可以在今天使用这个表格,在阅读本书的过程中还可以(也需要)继续使用。

尽量在每天的同一时间填写"日常焦虑评分"表格,最好是在晚上睡觉之前,因为焦虑程度的评定应以一整天的平均焦虑水平为依据。同时,尽量使用 0 ~ 100 分的完整范围来检测广泛性焦虑的波动。例如凯伦总是倾向于极端地(90 ~ 100 分)评价她的焦虑。然而,从她的描述中不难看出,她并不是一直处于极端状况,她的焦虑水平更多的是处于波动的状况。所

> **在整个认知干预治疗计划的课程学习中,请每天都记录你的总体焦虑水平。**

工作表 5.1　日常焦虑评分

日期：_____

提示：使用下面的评定量表，用数字0到100评定你在一天中所经历的平均焦虑水平。在最右边的一栏中，简要描述任何可能触发焦虑的情境、事件、经历或者环境。

0分_____50分_____100分

一点儿都不焦虑， 完全放松	感到轻微或 正常水平的焦虑	极端、恐慌的状态 难以忍受，感觉有生命危险

星期／年月日	平均焦虑水平的评分 （0~100分）	焦虑的触发因素 令你焦虑加重的情境
1. 周日		
2. 周一		
3. 周二		
4. 周三		
5. 周四		
6. 周五		
7. 周六		

资料来源：《焦虑与忧虑手册》大卫·A.克拉克、亚伦·T.贝克 著，吉尔夫特出版社出版。

以，我们重新校准了她的焦虑记录——90分及以上表示反常的、极其严重的焦虑；正常一些的焦虑等级为 40 ~ 60 分；轻度焦虑则应为 10 ~ 30 分。

在工作表 5.1 最右边的这一栏中，记录下当天发生的任何令你加重焦虑的事情。你只需要根据事实，记录焦虑水平受到直接影响的时间、情境或触发因素，尽量不要去猜测可能诱发焦虑波动的原因。你只需要记录，当天在你最焦虑的时候发生了什么。如果你没有观察到任何致使焦虑水平升高的诱因，也可以把这一列空着。

> ● **疑难解答小贴士**
>
> 人们往往在开始做练习后，就不再记录日常焦虑水平了。这样并不好，因为停止记录会让我们少了一个用以确定治疗进展的工具。如果你有几天做得不好，觉得自己没有进步，那么你可以回顾一下每天的焦虑水平，看看自己是否在总体上比想象中要进步得更多。而且，你也不必对日常焦虑水平的评级感到太紧张。记住，这些数字并不一定特别精确，它们只是用来表明焦虑水平增减的一种工具而已。

"什么刺激了我？"

情境对焦虑的影响很大。人们往往在某些情境中感到焦虑，而在其他情境中表现自如。所以，充分评估焦虑的内在诱因和外在诱因，有助于解决你的一些特别问题。工作表 5.2 旨在帮你确定焦虑的触发因素。你可能已经非常了解自己的问题，甚至完全可以坐下来，靠记

工作表 5.2 识别焦虑的触发因素

提示：写下所有可能令你焦虑的情境、事件、环境、想法或者生理感觉，并在第二列中简短地描述。在第三列中估算焦虑的强度（0～100分）和持续时间（分钟）。在最后一列中，写下你对于这些情境的即时反应，也就是，你是如何控制或者减少自己的焦虑感的。

日期／时间	焦虑的触发因素 （比如，情境、想法、生理感觉、事件、期望、等等）	焦虑强度（0～100分）和 持续时间（分钟）	应对反应
1.			
2.			
3.			
4.			

资料来源：《焦虑与忧虑手册》大卫·A.克拉克、亚伦·T.贝克著，吉尔夫特出版社出版。

忆把工作表填完。但是，如果你能花几天的时间完成这个表格，写下每一次焦虑发作的经历及其触发因素，那么结果会更加精确，对治疗更有帮助。多复印几份这个表格，以后还会用得到。

尽量简要描述令你焦虑的情境。通常来说，一个简单的短语或一句简短的话就足够了。比如贝丝焦虑的诱因是"老公出门了，所以我必须一个人去超市""去孩子的学校参加家长会""想到几天后要参加一个员工会议""感觉越来越热，越来越焦虑，别人可能会注意到我越来越紧张"。此外，尽量从一个更广的角度考虑焦虑的诱因。通常，外在的物体、情境可能会触发焦虑，但是身体感觉、想法、印象或者记忆可能会更直接地触发焦虑。

把所有的诱因记录在表格中触发因素一栏。同时，在左边的一栏中记下焦虑发作的时间。

> **"识别焦虑的触发因素"一表可以用来评估焦虑发作的内在诱因和外在诱因。**

接下来，用工作表 5.1 中 0 ~ 100 的评分范围对焦虑强度进行评级。同时，估计一下，你的焦虑感在中等到极强范围内持续了多久。比如在贝丝的例子里，她的焦虑感通常持续几小时才能完全消失，但是焦虑高峰的持续时间只有 30 分钟左右。

在最后一栏里记录下你在察觉到焦虑时的即时反应。在大多数情况下，人们会逃离和回避，但也有人可能会选择服用药物、向别人寻求安全感、尽量放松自己，等等。更好地了解自己在焦虑面前的即时反应，可以为你的治疗计划提供关键性信息。还是以贝丝为例，焦虑时，她最典型的反应是躲开人群，或者尽快逃离当时的情境。

> ● **疑难解答小贴士**
>
> 如果你在这个表格上纠结了好几天，还是找不到自己的焦虑诱因，那也没关系。回顾一下已经完成的工作表 2.1 和工作表 2.2，回忆一下你最初记录下来的触发焦虑的情境、想法和生理感觉。

总是紧张

焦虑的生理症状往往是所有症状中最明显的、最令人不安的。人们在焦虑时的生理感觉未必是最困扰他们的症状，不过二者息息相关。因此，了解与自身焦虑经历相关的生理症状是很重要的。你可以使用工作表 5.3 "监测生理感觉"记录焦虑时的生理症状信息。

每次焦虑发作的生理症状可能不一样，因此在三次单独焦虑发作之后，应尽快分别填写工作表 5.3 中的对应表格，会取得最好的效果。尽量用简短的词语描述焦虑的情况，并用 0 ~ 100 的范围给焦虑的强度打分（见表格底部的打分指南）。你不仅需要记录焦虑发作的症状，还要给彼时生理感觉的强烈程度打分。在最后一栏里记下，焦虑时你对这些症状有何负面想法或者解读；这个症状的哪些方面让你非常不喜欢，或者非常害怕。对于焦虑发作中首次出现的生理感觉，在旁边标记一个星号。

记录生理症状非常重要，你以后在"总体焦虑表"中也会用到，并以此为据来选择自助练习。

工作表 5.3　监测生理感觉

日期：＿＿＿＿＿＿＿＿＿

提示：写下任何令你焦虑加重的情境或者经历。特别留意一下，在那些情境中，你是否也有以下任何一种（或几种）身体感觉。用0～100分给生理感觉的强度打分，具体打分标准见工作表底部。在最后一列中，简要陈述你讨厌这些生理感觉的哪些方面，或者这些生理感觉为什么令你沮丧，甚至害怕。对于你来说，当你感到焦虑时，为什么这些生理感觉让你觉得那么糟糕。

1.简要描述令你焦虑的情境：＿＿＿＿＿＿＿＿＿＿＿＿＿＿＿＿＿＿＿＿＿

　发作期的焦虑水平（0～100分）：＿＿＿＿＿＿

焦虑发作时的生理感觉列表

生理感觉	生理感觉的强度评分	对生理感觉的消极看法
胸部不舒服、疼痛等		
心跳加快		
颤抖、哆嗦		
呼吸困难		
肌肉紧张		
恶心、胃部不适		
头重脚轻、无力、头晕		
虚弱、站不稳		
激动、出汗		
发冷、潮热		
吞咽困难、有窒息感		
口干舌燥		
其他生理感觉		

打分标准：0分＝几乎没有感觉；50分＝有强烈的感觉；100分＝感觉极其强烈，甚至有压倒性和窒息感。

（续表）

2.简要描述令你焦虑的情境：＿＿＿＿＿＿＿＿＿＿＿＿＿＿＿＿＿＿

发作期的焦虑水平（0～100分值）：＿＿＿＿＿

焦虑发作时的生理感觉列表

生理感觉	生理感觉的强度评分	对生理感觉的消极看法
胸部不舒服、疼痛等		
心跳加快		
颤抖、哆嗦		
呼吸困难		
肌肉紧张		
恶心、胃部不适		
头重脚轻、无力、头晕		
虚弱、站不稳		
激动、出汗		
发冷、潮热		
吞咽困难、有窒息感		
口干舌燥		
其他生理感觉		

（续表）

3.简要描述令你焦虑的情境：_____

   发作期的焦虑水平（0～100分）：_____

焦虑发作时的生理感觉列表

生理感觉	生理感觉的强度评分	对生理感觉的消极看法
胸部不舒服、疼痛等		
心跳加快		
颤抖、哆嗦		
呼吸困难		
肌肉紧张		
恶心、胃部不适		
头重脚轻、无力、头晕		
虚弱、站不稳		
激动、出汗		
发冷、潮热		
吞咽困难、有窒息感		
口干舌燥		
其他生理感觉		

资料来源：《焦虑与忧虑手册》大卫·A.克拉克、亚伦·T.贝克 著，吉尔夫特出版社出版。

例如想象贝丝一早来到药店买药，触发她焦虑的情境是"进到药店里，走近处方柜台的店员"。她记录自己的焦虑强度为 75（100 分制）。生理症状包括激动 / 出汗、潮热、肌肉紧张、胸部不适、口干、呼吸困难、头晕。最强烈的症状有激动 / 出汗（70/100）、胸部不适（65/100）、潮热（80/100）、肌肉紧张（40/100），而头晕（25/100）的程度并没有太强烈。她觉得胸部不适是因为"我一定很焦虑"，而激动 / 出汗则被解读为最有威胁性的症状——"我真的感觉出了很多汗，如果出了这么多汗，一定会被店员注意到，他们一定会想我是怎么了"；而潮热被解读为"要是在这儿恐慌发作了怎么办？"她认为，肌肉紧张是有压力的迹象，又担心口干舌燥的自己没法跟店员好好说话。由此，贝丝在完成工作表 5.3 后了解了"激动 / 出汗"和"潮热"是她觉得最危险的和最不舒服的生理症状。

> ● **疑难解答小贴士**
>
> 　　有时，人们只会记录一两个焦虑的生理症状，然后草草了事，因为他们需要用很久才能完成工作表 5.3。这个问题很严重，因为它令你理不清自己的焦虑体验。所以，一定要在焦虑发作后尽快完成工作表，同时也不要忽略最后一栏。你可能没法把焦虑时的感觉与所有的生理症状都联系起来，但是至少有一两个生理感觉是让你觉得很危险的，或者不舒服的。对于每一个症状，都问问自己："这样的感觉为什么会让你这么沮丧？""从这些症状来看，可能发生在我身上的最坏的事情是什么？"或者"当焦虑发作时，有没有哪个生理症状是令我特别害怕的？"最后，一定要在焦虑时写下自己对于这些生理感觉的负面想法，不要等到平静下来之后再写。

捕捉恐惧感

现在，想必你已经了解，核心恐惧是焦虑的根本原因，我们害怕自己或自己关心的人会发生危险，正是这种恐惧的想法引发了焦虑。毫无疑问，焦虑评估中最重要的部分是要确定你的焦虑本质是什么。此外，学习如何识别焦虑和害怕的想法也是至关重要的。只有真正了解了自己的想法，人们才能正确地利用认知策略和行为方法来与焦虑抗争。

所以，你可能需要在使用工作表 5.4 "监测你的焦虑想法"之前多花一点儿时间做准备。你需要先了解是什么样的恐惧引发了自己的焦虑，焦虑中的自己又是如何将未知事件的危险程度过分夸大的。无疑，人们在焦虑时最可能犯这种错误。所以，学着捕捉自己焦虑时对威胁的夸大评价，即灾难化思维，是认知疗法中尤为重要的 部分。

把"监测你的焦虑想法"一表多复印几份。在后面的治疗中，你需要反复练习，以识别自己在大多数焦虑情境中的危险想法。我们的目标是提高你的敏感性，使你在不自觉地把情况想成最糟糕的时候，可以敏锐地捕捉到自己的想法，从而更好地对抗焦虑。本书后面的内容会讨论认知疗法的策略，而这些策略能否取得成效，要取决于你是否能够敏锐识别自己的焦虑想法。以下是一些你可以在焦虑时问问自己的问题，这些问题能帮你识别出自己的危险想法，即灾难化思维：

● "我现在所想的，是不是目前情况下的最坏可能？"

⬤ "现在，我的'万一'是什么？（比如：万一我的脑子突然一片空白怎么办？万一我心脏病突发怎么办？万一我急性焦虑症发作了怎么办？）"

⬤ "现在，就自己的实际情况而言，我的想法是消极的吗？"

⬤ "在这种情况下，我该如何看待这些可能发生在自己或其他人身上的危险呢？有多少可能？有多么严重？"

在焦虑感爆发的时候，人们往往会自动地在脑海中形成威胁和危险的初始印象，随后才会更仔细、更理智地对焦虑情境进行估计，区分开这两个思维阶段是非常重要的。现在，我们需要着重考虑，你应该学会怎样在焦虑时识别出对威胁的初始印象。下面这个例子可以帮你更好地理解两个思维阶段的差异。

想象一下，天渐渐黑了，你独自一人走在一条废弃的街道上（或者乡间的小路上）。突然，你听到身后响起一阵细碎的脚步声。你立刻僵直了身子，心跳加快，步伐也仓促了起来。为什么会突然肾上腺素飙升呢？你肯定担心自己会有危险：是不是有人正在跟踪我，想要伤害我？你转过身去，却发现一个人都没有。所以，你很快对自己说："没有人……那一定是风的声音，或者松鼠，也可能只是我的想象而已。"而这种对环境再次估量之后产生的想法，才会让你印象深刻。如果以后我让你聊聊这一次走在街道上的经历，你会记得有瞬间的恐惧感，然后意识到"其实什么都没有"。最开始令你害怕的惶恐——"是不是有坏人在跟踪我"已经被你淡忘了，取而代之的是自己理性地应对当时的情况。*

之前，你在工作表 5.2 中描述了一些令你非常焦虑的情境。在这些情境下，一些与惶恐或者危险有关的初始反应会助燃焦虑的爆发。你现在不记得当时的感受，或许是因为你不再感到害怕，也可能是因为你现在并不处于令你焦虑不安的状况中。但是患者了解自己怀有的与威胁有关的初始印象，这一点是非常重要的。也就是说，你要学着如何"捕捉恐惧感"。我们想知道，也需要了解，是什么启动了你的焦虑。如果你正在接受治疗，那么你的治疗师很可能会花大量的时间仔细查看你的工作表 5.4，来帮你更好地捕捉焦虑发作时产生的与威胁和危险相关的初始印象。在填写表 5.4 的最后一栏时，尽力想一想：焦虑时，你是否会脑补一些更极端、更具灾难性的后果。例如当你想到一些最严重、最糟糕的可能性（比如患上绝症、在人前被嘲笑和羞辱或者深陷孤独和贫困）时，你是否能及时捕捉到自己的焦虑想法。

表 5.1 列出了一些与焦虑想法相关的例子。这些例子很常见，每一个都与核心恐惧有关。请利用表 5.1 的提示，认真思考，你自己在即将到来的威胁或危险面前，会自动产生怎样的焦虑想法。

贝丝监测了自己焦虑时脑海里与威胁相关的想法，两周之后，她找到了自己的核心恐惧。一想到要与别人见面，她就会感到强烈的焦虑。她观察到，焦虑发作期间，她的脑子里塞满了这样的想法：如果我

> **学会识别与威胁相关的自动想法（也就是小题大做的倾向），这是学会控制焦虑的第一步。**

---

* 资料来源：《焦虑症认知治疗》大卫·A. 克拉克、亚伦·T. 贝克 著，吉尔夫特出版社出版。

工作表 5.4 监测你的焦虑想法

提示：在表格的第一列中记录你的焦虑经历，并用0～100分为其强度打分。然后在最后一栏中，简要描述一下，就这次焦虑发作看来，你想象中最可能发生的后果或最严重的后果的负面结果是什么。即使你认为其实它并不会发生，也请记录下来。尽量在焦虑发作态中填写本表格，或者在焦虑结束后尽快填写。

焦虑发作片段 （将焦虑经历简要描述一下：症状、情境和后果等。）	焦虑的强度 （0～100分）	威胁性思想 （当焦虑发作时，你在想着怎样的消极后果、威胁或者危险？）	想象中的灾难 （对于这次焦虑发作，你能想象到的最糟糕的后果是什么？）
1.			
2.			
3.			

资料来源：《焦虑症认知治疗》大卫·A.克拉克、亚伦·T.贝克 著，吉尔夫特出版社出版。

因为压力和焦虑开始发热出汗，那该怎么办？别人会注意到我出汗，以为我有什么问题。但是，她也能捕捉到某些更加糟糕的想法：我流了太多汗，可能体味也很重，会恶心到身边的人。我真的不能忍受这种尴尬。

表 5.1 焦虑情境及自动产生焦虑想法举例

触发焦虑的情境	自动产生的焦虑想法或想象 （即焦虑时产生的自己有危险或受到威胁的思维）
想到要与工作主管会面	"如果她生我的气，大声批评我，那我该怎么办？我可能也会有情绪，也会失控。她可能会瞧不起我，我也可能没法再面对她了。"
在拥挤的百货商店里买东西	"如果我又开始焦虑，甚至逐渐感觉无法呼吸该怎么办？那种感觉很可能会变成严重的急性焦虑症。"
晚上睡不着	"我今天晚上要是彻底失眠了怎么办？我明天会崩溃的，那就没法工作了。如果这样继续下去，我可能会丢了饭碗，公司可正在裁员呢。"
不明原因的胸口痛	"如果我心脏病发作，又不能及时赶到医院，该怎么办？"
主动跟陌生人说话	"如果我紧张到声音都发抖了，那该怎么办？别人一定会觉得我哪里出了问题，看出我有焦虑症。"
查看每个月的银行账单	"把账单还完我们基本就没什么钱了，我似乎根本攒不下来钱。如果我退休之后一点儿积蓄都没有该怎么办？那我老了之后就只有穷困潦倒这一个下场了。"

> ### ● 疑难解答小贴士
>
> 　　很多人在焦虑时会意识不到自动产生的、与威胁相关的极端思维。一个患有焦虑症的人可能更加关注焦虑的生理症状，或者自己感觉有多糟糕，而不是深究自己哪里想错了。学会每天不断地问问自己："我现在在想什么？"焦虑感减轻之后，你可能更容易发现与威胁相关的自动思维。所以，在焦虑感低时先问自己："我现在这么想是对的吗？"逐渐地，在焦虑感严重时也这么练习。请牢记，尽可能在焦虑的初始阶段找到自己的威胁性思维，这是十分重要的，因为之后你可能很容易就把这些想法给忘了。你也可以重新回顾一下第二章，看看自己在工作表2.1的核心恐惧一栏里写了什么，再看看你是如何填写工作表3.1和工作表3.2的。回顾这些表格，你或许可以了解，自己在焦虑期要格外注意哪些思维。

思维错误

　　正如第三章所讲的那样，如果只关注可能发生的危险，那么我们更容易犯逻辑性错误，也更容易得出不符合实际的，甚至荒谬的结论。这些认知错误会让人们过分高估一些严重威胁发生的可能性。我们多年的研究和实践经验表明，教会人们在焦虑时关注自己的思维误区，可以帮助他们纠正错误的焦虑思维和认知。在工作表5.5中写几个例子，阐述一下焦虑中的你是如何困囿于思维错误的。工作表5.4会提醒你，自己有哪些与威胁相关的自发性思维。然后再问问你自己，列在工作表5.5左侧的各种错误是如何体现在你的焦虑思维中的，

工作表 5.5   识别思维错误

日期: _____

提示: 请在这份工作表中写下你在焦虑时犯的思维错误, 举几例便可。请特别注意, 在焦虑情境中或者预想这些情境时, 你在思考些什么。此外, 你需要格外关注自己在此情境中即时的威胁性思维, 而不是重新思考之后的想法。

思维错误	焦虑思维错误的例子
灾难化思维	
妄自断定	
视野狭隘	
目光短浅	
情绪化推论	
"全或无"思维	

资料来源:《焦虑症认知治疗》大卫·A.克拉克、亚伦·T.贝克 著,吉尔夫特出版社出版。

并在右侧的相应位置记下来。复印多份此表，这样你就可以在阅读本书的过程中多次填写和练习，来提高寻找和纠正错误思维的能力。

事实上，每次纠正错误的焦虑思维，你都需要再读一遍工作表 5.5 的内容，这样才能更加准确地揪出焦虑思维中的认知错误和偏差。

> 在纠正自己错误的焦虑思维和认知时，提升自己对思维错误的认知是极其重要的一步。

以贝丝为例，她确实已经意识到，视野狭隘和情绪化推论是她焦虑思维中的主要错误。在焦虑时，她只注意到了社交情境中的威胁信号（"人们都在看着我"——视野狭隘），以及自己感到多么不舒服（"我感到这么不舒服，大家肯定都注意到我的焦虑"——情绪化推论）。贝丝通过发现自己的错误，学会了如何纠正自己的想法，不再过分解读他人对自己的负面评价。

● 疑难解答小贴士

如果你找不到焦虑思维中的认知错误，那么请重新回顾表 3.2 中不同类型的思维错误，或许可以对你有所帮助。有时候，你很容易从交谈中找到别人的认知错误。你可以先关注别人的认知错误，然后逐渐把找到这些错误的方法应用到自己身上。当你能够在他人和自己的非焦虑思维中识别认知错误后，便更容易将其应用到解决焦虑的想法中。

抵制焦虑

焦虑令人不适。这么多年，在所有接受过治疗的焦虑症病人中，我们从来没有听过任何一个人说自己喜欢焦虑感。人们喜欢愉快的事，有些人会追求冒险和兴奋感，但是从来没有人要寻求焦虑。既然焦虑是如此令人痛苦的感受，那么从焦虑中解脱出来，本身就是一个令人向往的积极目标。多年来，心理学家的研究表明，人们十分渴望从日益严重的焦虑中得到解脱或者缓解，这很符合现实情况，在我们感到焦虑时，只要能让自己摆脱焦虑感，就算只是短暂的缓解，都如同抓住了一根救命的稻草，即使从长远来看，这根"稻草"会造成焦虑的持续发作，人们也在所不惜。

以迪克为例，每当有原因不明的疼痛感时，他都会感到格外紧张。他的脑海里会自动冒出一种想法——自己的健康一定出了大问题。然后他就陷入灾难化思维，觉得自己是不是得了癌症或者其他的致命疾病。于是，他马上上网搜寻各种信息，　再确认这种疼痛感并不是疾病的预兆，才让自己安心。在短时间内，他会因为找到正面的安全信息而松一口气，但是时间长了，这种宽慰反而让他觉得自己应该慎重对待任何一点儿病痛，丝毫都不能掉以轻心，于是他更加焦虑了。

当你感到焦虑时，你会觉得自己失控了——就好像最坏的事情就要发生，而你却束手无策。人们感受到失控之后的自然反应就是努力控制。罗伯特·莱西写过一本影响力很大的自我救赎类书籍，名叫《释放焦虑》。在书中作者告诉我们，正是为了控制自己的生活而做出的不懈努力，构成了我们的恐惧和焦虑。焦虑症患者相信，对抗坏事发生的最好武器就是获得生活的控制权。他们相信："如果我能主宰自己的一切，我自然就能避免威胁或者危险。"因此，一个人若是害怕急性焦虑症发作，便会为了控制恐惧感而不去任何可能会触发恐慌的地方；一个人若是过于忧虑自己的健康，便会为了控制恐惧感而严格地监管自己的身体，一有不舒服的感觉，立刻寻求药物的帮助；一个患有社交焦虑症的人可能会努力地在社交场合中假装自己并不焦虑。这些人努力控制，是为了将想象中的灾难全部扼杀在萌芽之中。

以下是控制焦虑的三种主要问题：

1. 错误控制。你寻求的控制感难以实现，因为恐惧是发自内心的，它是一种想法和感受，并不受你去哪里、做了什么的局限。因此，任何对感受的控制都只是暂时的，只能营造一种安全的假象，但并不能解决实际问题。例如你很担心自己会得心脏病，你可能会想办法不让心跳加速，即使并没有任何证据可以证明，保持低心率能有效降低患心血管疾病的风险（事实上，医学专家表示这是不对的——适当的锻炼有益于心脏健康）。

2. 对不正确的控制措施过度依赖。由于你想马上从焦虑中解脱出来，所以你希望通过控制措施来速战速决。由此，即使逃离、回避或其他方法会造成焦虑问题的持续，你还是会依赖这些方法，以寻求安心，却以短期的安逸造成了长期的痛苦。

3.过分关注。对控制欲的追求会迅速占领你的生活，成为日常生活的首要目标。为了将焦虑感降到最低，保证生活的安全和舒适，我们做出各种各样的决定以满足家庭、工作和社区生活的基本需求。但是，为了避免坏事发生，控制焦虑的需求最终将凌驾于其他需求之上，成为日常生活的主要问题。罗伯特·莱西说过，试图控制反而会令你更加失控。

你会运用哪些行为、情绪和认知方法来摆脱焦虑——把焦虑降到最低，防止想象中的最坏情况发生？了解处理焦虑时采取的不当措施，是认知治疗的重要部分。转换应对焦虑的方式是治疗的一大重要目标。工作表5.6和工作表5.7中罗列了一些控制焦虑的常用方法（行为方法和认知方法）。通读两表，评估一下自己在焦虑时应用每个方法的频率，以及取得的效果如

> **用不当的方法控制焦虑感，这是造成焦虑持续不退的重要原因。因此，本书的目标之一便是让你学着不再想去控制。**

何。如果你不记得自己的反应是怎样的，那么请试着在焦虑发作后尽快填表，尤其注意你在当时场景中的自动反应。贝丝在焦虑时会尽快逃离当时的场合（逃避）、用其他活动分散自己的注意力、服用抗焦虑药物、听舒缓的音乐或者努力放松身体。但是，在这些方法中，她觉得似乎只有逃避焦虑场景和服用药物才能减少焦虑感。她的认知方法包括将焦虑感合理化、想其他事情或者批评自己不要那么蠢。然而，以上这些方法都不能有效地减少焦虑的想法和感受。

工作表 5.6 **行为方法清单**

日期：＿＿＿＿＿＿＿＿＿＿

提示：以下是人们用来应对焦虑问题的不同行为策略。请估计一下，焦虑时你做出每个反应的频率，以及在你看来这些应对方法在多大程度上能发挥效力。

量表描述：在你的印象中，焦虑中的自己使用这个策略的频率是多少（0=从不运用，50=一半时间会运用，100=一直会运用）？你觉得它们能在多大程度上减少自己的焦虑（0=一点儿都没用，50=减少焦虑的效果还可以，100=完全消除了我的焦虑）？

行为和情感应对方法	频率 （0～100分）	减少焦虑的有效程度 （0～100分）
1. 试着放松身体（听音乐放松、控制呼吸等）		
2. 不去会触发焦虑的场合		
3. 每当感到焦虑时就离开当时的场景		
4. 服用处方药物		
5. 在伴侣、家人或者朋友那里获取安心和支持		
6. 做强迫性、有仪式感的动作（例如检查、洗手、计算）		
7. 用其他活动来分散自己的注意力		
8. 压抑自己的感受（例如约束自己的感受）		
9. 服用酒精或其他有依赖性的药物		
10. 变得十分情绪化、想哭		
11. 勃然大怒		
12. 变得有攻击性		
13. 加快语速或者行动		

（续表）

行为和情感应对方法	频率 （0~100分）	减少焦虑的有效程度 （0~100分）
14. 变得安静，远离其他人		
15. 吃药/寻求专业帮助（例如寻找治疗师或者全科医生，到急诊室）		
16. 在网上与朋友聊天或搜寻信息		
17. 减少体育锻炼		
18. 休息、午睡		
19. 试着寻找焦虑问题的解决方法		
20. 试图通过祈祷、冥想来减少焦虑感受		
21. 吸烟		
22. 喝咖啡		
23. 赌博		
24. 参与到一项有趣的活动中去		
25. 吃令自己舒服、开心的食物（例如垃圾食品）		
26. 寻找一个令自己感到安全、不焦虑的地方		
27. 聆听舒缓的音乐		
28. 看电视或者DVD		
29. 做一些令自己放松的事情（例如洗个热水澡或者做按摩）		
30. 找一个令自己感到安全、不焦虑的人		
31. 什么都不做，让焦虑自行消失		
32. 做一项锻炼（例如去健身房、跑步）		
33. 阅读关于精神、宗教或者冥想的书（例如诗歌或者励志类书籍）		
34. 购物（买东西）		

资料来源：《焦虑症认知治疗》大卫·A.克拉克、亚伦·T.贝克 著，吉尔夫特出版社出版。

工作表 5.7　认知方法清单

日期：_____

提示：以下是人们用以控制焦虑想法和忧虑思绪的方法。运用下面的评定量表，估计一下焦虑时的你使用每个方法的频率，以及你觉得它们在多大程度上减少了自己的焦虑。

量表描述：焦虑时的你采取某个策略的频率是多少（0=从不运用，50=一半时间会运用，100=一直会运用）？减少焦虑的有效程度（0=一点儿都没用，50=减少焦虑的效果还可以，100=完全消除了我的焦虑）。

应对焦虑思维的认知控制方法	频率 （0~100分）	减少焦虑的有效程度 （0~100分）
1. 竭力不去想让自己感到焦虑或担忧的事物		
2. 告诉自己，一切都会好起来的		
3. 试图将焦虑合理化；找原因证明自己的焦虑关注点不符合实际		
4. 想别的事情，分散自己的注意力		
5. 用更积极的或者更舒服的想法来代替焦虑思维		
6. 对自己的焦虑予以严格的消极评价		
7. 告诉自己："不要去想了！"		
8. 想一段令自己舒服的文字或者祈祷文		
9. 反复思考令自己焦虑或者忧虑的事；不断地思索着过去发生了什么，将来又会发生什么		
10. 当我开始感到焦虑时，我会压抑这种感受，这样似乎就不会太紧张或者烦躁		

资料来源：《焦虑症认知治疗》大卫·A.克拉克、亚伦·T.贝克 著，吉尔夫特出版社出版。

> ● **疑难解答小贴士**
>
> 　　大部分人会觉得识别自己的行为方法要比认知方法更简单。如果你分辨不出自己用了什么认知方法，那么先想一想你会用什么办法来让自己"不去想"烦心事（不一定与焦虑有关）。你会用什么样的方法来避免多余的想法？然后，转换到焦虑问题上来，看看你是否会用同样的控制方法来避免焦虑的想法。如果你正在接受治疗，你的治疗师需要你在工作表 5.6 和工作表 5.7 上的答案。

"我好担心"

　　我们在第三章中介绍过，忧虑是焦虑持续的重要原因（请查阅"做最坏的准备"）。我们建议你重新阅读这一部分，并回顾一下你曾写过的焦虑和担忧。重新看完一遍之后，你就离"发现自身忧虑的本质"这一目标更近了一步。工作表 5.8"识别忧虑"可以帮助你发现忧虑与焦虑触发因素之间的关联，以及在焦虑的初始阶段中与威胁相关的自动思维。你可以在工作表 5.8 内填写不同焦虑时期的忧虑。

　　首先，记录下你在上文的工作表内提及的焦虑经历及其强度，然后在最后一列写下任何和这个焦虑经历有关的担忧。你可能会担心与焦虑有联系的事情（例如因要与老板见面而感到焦虑，担心她会批评你的工作表现），或者你可能会担心焦虑本身（例如你在焦虑时会有心悸，所以你担心自己会得心脏病）。

　　再次以贝丝为例，她的主要忧虑是她的焦虑症会对婚姻造成不良

工作表 5.8　**识别忧虑**

日期：＿＿＿＿＿＿＿＿＿

提示：请写下任何与焦虑相关的忧虑想法。请在第一列中简要描述你的焦虑经历，然后用0～100分制给这一次焦虑经历的强度打分。在第三列中，写下任何让你对焦虑场景或者焦虑本身感到忧虑的事物，同时写下忧虑持续的时间（分钟或小时）。

焦虑经历 简要描述焦虑体验： 症状、情境以及结果	焦虑强度 （0～100分）	忧虑内容 哪些与焦虑相关的情境或影响会令你忧虑？有没有哪些负面的结果让你担忧？忧虑的时间有多久？
1.		
2.		
3.		
4.		
5.		

资料来源：《焦虑症认知治疗》大卫·A.克拉克、亚伦·T.贝克 著，吉尔夫特出版社出版。

影响。在工作表上，她记录了最近一次的焦虑体验：丈夫抱怨结婚之后哪儿都没去过，她因此感到非常焦虑。在丈夫抱怨后，她感受到了强烈的焦虑（80/100），伴随着脸色涨红、呼吸不畅的症状。在这个焦虑场景中，她

忧虑是扔向"焦虑之火"的助燃剂，增加了热度，让火焰更持久。发现焦虑时期的忧虑状况，是组成焦虑拼图的最后一块碎片，能帮助你在认知治疗中得到更好的改善。

的忧虑（婚姻）主要是："要是杰夫不再对我有耐心，有了外遇怎么办？""没了他我怎么活下去？""要是成了单身母亲，我不可能抚养好这些孩子。"另一个忧虑主题是焦虑本身的消极影响："我要是永远都没法摆脱焦虑，那可怎么办？""要是我完全不能出家门，特别无助，该怎么办？""要是焦虑摧毁了我全部的生活，又该怎么办？"

● **疑难解答小贴士**

如果你需要温习一下是什么导致了自己的忧虑问题，那就请重新回顾第三章的"做最坏的准备"一节。工作表 3.5 中有你当时记录的焦虑和忧虑，可以帮助你填写工作表 5.8。如果忧虑是你焦虑中的主要问题，你需要在第十一章中用更具细节的、特制的忧虑工作表来评估你的忧虑经历。

你的"焦虑档案"

现在，你已经获得了焦虑思维的细节性信息，你也已经做好了总结、概括自己的焦虑问题的准备，在接下来的三章中，你会用到这些要点。在阅读下一章之前，运用工作表 5.9 来完成你的焦虑档案。在空白工作表之后，我们给出了贝丝的例子以作参考。在下面的介绍中会解释如何运用本章节和第三章的工作表来完成你的"焦虑档案"。

在正式开始治疗之前，建立个人的"焦虑档案"，可以帮助你锚定自身特定的问题，再施以行为治疗方法和认知治疗方法对症下药，这样才能更有效地改善持续发作的焦虑问题。

I. 主要的焦虑触发因素

回顾一下你已经完成的工作表 5.2，根据你写过的情境、事件以及其他可能触发焦虑的想法和生理感觉，填写"焦虑档案"的第一部分。

II. 对威胁和危险的评估

接下来填写"评估威胁或者危险"一框中的各个部分：

●用工作表 5.3 中的内容，总结焦虑时你的生理状况，以及你对这些症状做出的所有负面解释。

工作表 5.9   **焦虑档案**

提示：根据你在第三章和第五章所做练习的答案，完成以下工作表。这份档案会帮助你建立治疗目标，给你的认知治疗课程指明方向。

I.主要的焦虑触发因素

（例如：情境、想法、感觉、期许）

_____

_____

_____

II.评估威胁或者危险

生理感受：_____

_____

对生理感受的评估：_____

对威胁、危险以及灾难的自发想法（核心恐惧）：_____

_____

典型的思维误差（错误）：_____

关于焦虑的信念:_____

_____

（续表）

Ⅲ.控制性处理方式

无助（脆弱）想法：＿＿＿＿＿＿＿＿＿＿＿＿＿＿＿＿＿＿

＿＿＿＿＿＿＿＿＿＿＿＿＿＿＿＿＿＿＿＿＿＿＿＿＿＿＿＿＿＿

＿＿＿＿＿＿＿＿＿＿＿＿＿＿＿＿＿＿＿＿＿＿＿＿＿＿＿＿＿＿

回避模式：＿＿＿＿＿＿＿＿＿＿＿＿＿＿＿＿＿＿＿＿＿＿＿

＿＿＿＿＿＿＿＿＿＿＿＿＿＿＿＿＿＿＿＿＿＿＿＿＿＿＿＿＿＿

＿＿＿＿＿＿＿＿＿＿＿＿＿＿＿＿＿＿＿＿＿＿＿＿＿＿＿＿＿＿

寻找安全感：＿＿＿＿＿＿＿＿＿＿＿＿＿＿＿＿＿＿＿＿＿

＿＿＿＿＿＿＿＿＿＿＿＿＿＿＿＿＿＿＿＿＿＿＿＿＿＿＿＿＿＿

＿＿＿＿＿＿＿＿＿＿＿＿＿＿＿＿＿＿＿＿＿＿＿＿＿＿＿＿＿＿

其他处理方式：＿＿＿＿＿＿＿＿＿＿＿＿＿＿＿＿＿＿＿＿

＿＿＿＿＿＿＿＿＿＿＿＿＿＿＿＿＿＿＿＿＿＿＿＿＿＿＿＿＿＿

＿＿＿＿＿＿＿＿＿＿＿＿＿＿＿＿＿＿＿＿＿＿＿＿＿＿＿＿＿＿

焦虑担忧：＿＿＿＿＿＿＿＿＿＿＿＿＿＿＿＿＿＿＿＿＿＿＿

＿＿＿＿＿＿＿＿＿＿＿＿＿＿＿＿＿＿＿＿＿＿＿＿＿＿＿＿＿＿

＿＿＿＿＿＿＿＿＿＿＿＿＿＿＿＿＿＿＿＿＿＿＿＿＿＿＿＿＿＿

贝丝的焦虑档案

I.主要的焦虑触发因素

1.公众场合，例如大型超市、餐馆、商场以及电影院等。

2.参加社交活动，例如周末员工聚会。

3.和陌生人聊天。

4.感到闷热及不适，尤其在人群中时。

5.记起来上周和一个同事的社交互动。

II.评估威胁或者危险

生理感受：肌肉紧绷、面部发红、出汗、呼吸困难、头晕目眩、口干舌燥、胸闷。

对生理感受的评估：胸闷表示我越来越焦虑；闷热、出汗令我不安，因为人们会知道我在焦虑，或者会讨厌我的体味；面部发红是急性焦虑症的预兆。

对威胁、危险以及灾难的自动想法（核心恐惧）：人们会注意到我的焦虑，会想我这是有什么问题了；他们会因为我出汗太多而讨厌我；因为出汗，我尴尬极了。

典型的思维误差（错误）：将出汗灾难化；视野狭隘（在人群中时只能想到关于焦虑的想法）；妄自断定（迅速下定论：自己很尴尬）；情绪化推论（只要有一点儿焦虑，就难以自控，着实对自己感到尴尬）。

关于焦虑的信念：我没法忍受焦虑感；要是我在人群中感到焦虑，我就更容易尴尬；焦虑时的我没法跟人聊天；在面对人群时，我应该冷静下来，放松自己。

Ⅲ.控制性处理方式

无助（脆弱）想法：我心里比较脆弱，容易沮丧；我缺少社交技巧，因此我更容易让自己尴尬；在社交场合中，别人会很容易注意到我的难堪和难为情，这也让我更加容易受到关注。

回避模式：尽量避免去公共场合；把社交互动限制在家人和一两个老朋友中；不去任何可能会被关注的场合。

寻找安全：除了家里，去任何地方都要带着药；穿着厚厚的衣服，以藏住汗水的痕迹；每当焦虑时都努力去想美好的画面（"回到安全的地方"）。

其他处理方式：试着说服自己，我并没有做任何让自己尴尬的事情（合理化）；努力想任何不令自己焦虑的东西（分散注意力）；告诉自己，感到焦虑是一件很蠢的事情（自我批评）。

焦虑担忧：担心杰夫可能会离开我；担心我的焦虑会越来越严重，甚至会丢掉工作；担心我那十分害羞的八岁女儿也会和我一样有焦虑问题。

●参考工作表5.4中的内容，写一写你自动产生的焦虑想法，有没有过分高估了威胁的可能性和严重性（例如焦虑时的你如何把事情灾难化，你又如何觉得自己和爱的人会遭遇祸事）。

●接下来，运用工作表5.5，记录下你的焦虑思维中有哪些明显的、典型的认知错误。

●现在，回到工作表3.3，在表格中找到你强烈赞成或者完全同意的陈述，了解是什么核心观念造成你无法容忍焦虑感及其后果的。你相信哪些是焦虑（或它的影响）造成的负面结果？为什么控制或者减少焦虑如此重要？你相信自己拥有哪些忍受焦虑的能力？

III. 控制性处理方式

在"焦虑档案"中，第三项是你对焦虑的处理方式——你为了控制焦虑、减轻焦虑强度而做出的努力。你会怎样描述自己用过的针对焦虑的处理方法呢？

●再读一遍工作表3.2，然后写下你在焦虑时最突出的无助想法。你如何看待在焦虑中苦苦挣扎着的自己？某一时刻，你有没有觉得自己其实是有能力去处理这些压力和焦虑的？这种想法是否改变了焦虑的后果？如何改变的？在你感到焦虑时，脑海中出现了哪种自我批评的想法？

●现在再回到工作表3.4，列出你的回避模式：减少焦虑发生的情境、想法、感觉或者生理感受。

●回顾第三章（第64～65页）的寻求安全感的行为和认知方

法，在表格中记录你会应用的方法，即为了降低焦虑以及建立静心、舒心和安全的身心状态所做的事情。

●运用工作表 5.6 和工作表 5.7，列出你用过的其他方法。

●运用工作表 5.8，填写你在焦虑时所担忧的事情。

　　如果你正在接受专业认知治疗师的治疗，那么你必须和他 / 她讨论工作表 5.9 的内容。你的认知自测对于治疗师来说非常有用，他希望能和你一起完成认知档案的构建，进而帮助你确定焦虑中最棘手的思维问题是什么。如果你正在独自阅读本书，你可以在接下来的阅读中不断地参考工作表 5.9。"焦虑档案"是一个重要的指向，它会告诉你，只有做出哪些改变才能改善焦虑问题。

　　现在你已经完成了认知方面的工作，建立了自己的"焦虑档案"，我们会在接下来的三章中运用这些信息制订你的认知治疗方案——换句话说，去建立独属于你的精神锻炼方案来帮助你击败焦虑。

本章总结

　　1. 评估是认知治疗的重要元素。它是焦虑症的"路线图"，为治疗提供了个体焦虑的独有特征，帮助优化接下来两章所讨论的认知治疗。

　　2. 触发因素、核心焦虑思维和思维误差是反复出现的，它们是你日常焦虑体验的特征。了解它们会让你更好地理解焦虑的认知基础。

3. 为了全方面理解你的焦虑体验，严格测评你对焦虑的忍耐性十分重要。此外，了解你是如何通过逃离、回避和寻求安全感的方法来控制焦虑的，同样不可或缺。

4. 大部分焦虑经历都是以极端的忧虑为特征的，因此，发现忧虑的本质是测评的另一关键方面。

5. 工作表 5.9 可以帮助你建立"焦虑档案"，它是在第三章和第五章所写的量表、日记以及其他工作表的基础上完成的。

转变焦虑思维

第六章

认知干预着重于改造焦虑的心态，将自发性威胁和危险的感知调整得更现实，让你在自己处理焦虑问题的能力上更自信，能够意识到令你焦虑的情境其实有很多良性的、安全的方面。

　　23岁的菲利普待业在家，和父母一起生活，他想要尽早独立的梦想因为焦虑的困扰而日渐萎缩。一年前，他本科毕业，本来打算到法学院继续进修的，但是第一次参加法学院入学考试（Law School Admission Test，LSAT）没有考好，于是他刻苦学习又考了第二次。他感到压力很大——他的爸爸是一名律师，兄弟姐妹也都进了法学院或医学院，家人们都希望菲利普也能跟上大家的步伐。可他常常经受焦虑的煎熬，每天从睡梦中醒来，他都觉得不安，好像有什么不好的事情要发生一样。而且，因为焦虑极大地影响了睡眠质量，他一直非常疲惫。白天的时候，他会觉得胃里翻江倒海似的，即便想要学习也没法集中注意力。最开始，他只是偶尔会觉得焦虑，但是最近几个月，他几乎一直都在焦虑。他很少出门，即使待在家里也学不进去，大部分时间都浪费在上网或者看电影上。

　　菲利普的焦虑让他变得无力，让他害怕，也在一点点吞噬着他的职业抱负。他没法一步一步朝着"法学院"这个目标努力，他的心里塞满了对未来的忧虑："我已经失去了生活的重心。""我什么都记不起来了。""我不明白自己在学什么。""我可能永远都考不好LSAT了。""如果我去考试，脑子一定会僵住。""我考不了高分，也不能被法学院录取。""我甚至连法学院的申请表格都填不好。""我不知道申请时能自我介绍些什么。""要是录取委员会觉得我的申请很可笑怎么办？""我可能会孤独终老，只能在快餐店打打零工。""也许我会成为家庭的污点。""我永远都快乐不起来了，可能唯一的下场就是成为新闻里那种可怜的失败者。"……这些想法令菲利普的焦虑感越来越严重，甚至变成了一种自我实现的预言，让他用一种真的会导致最坏结果发生的错误方式行事。菲利普的治疗师直接将关注点放在他的忧虑上，帮助他改变"未来可能失败"的灾难化思维，大大降低了菲利普的焦虑感，并提高了他的学习效率，改善了备考状态。

本章将会教给你同样的方法：纠正助长焦虑的思维，这样你的焦虑才能降到正常水平，对生活的破坏性影响才能降到最小。第七章将会教你如何改变与焦虑相关的行为。在认知治疗中，我们常常先减少触发焦虑的想法，这样才能打好基础，再去进行更难、更具挑战性的行为练习。事实上，在本书中，我们希望你在通读第六章和第七章的时候先不要做练习。读完之后，根据你自己的情况，在第八章制订一个"焦虑工作计划"。最后，回到第六章和第七章的练习，按照你自己的计划，一步一步地完成练习。不要一下子做太多，你可以先尝试一个或几个练习，每周或者每过 10 天增加一个练习，这样你可以在增加新练习的同时巩固已经掌握的认知技能。你会一直用到在上一章结尾的"焦虑档案"中收集到的信息，所以一旦你开始做练习了，就请务必准备好已经填好的工作表 5.9。本章中你要学习的所有策略，都是建立在第三章的内容基础上的。

从焦虑思维到正常思维

如果你的电脑曾经中过病毒，那么你一定知道，病毒一旦得到激活就会迅速控

> **请记住：改变看待焦虑的思考方式，你将改变自己的焦虑体验。**

制电脑的操作系统。而临床上的焦虑症与病毒非常像。一旦激活，恐

惧就会"谋权篡位",扭曲你的想法、感受和行为方式,最终令你陷入永久的焦虑中无法自拔。认知疗法的目标是解除或者关闭"恐惧程序",通过改变焦虑想法和信念,让你恢复到正常的功能状态。

图 6.1 说明了这种思维的转变。

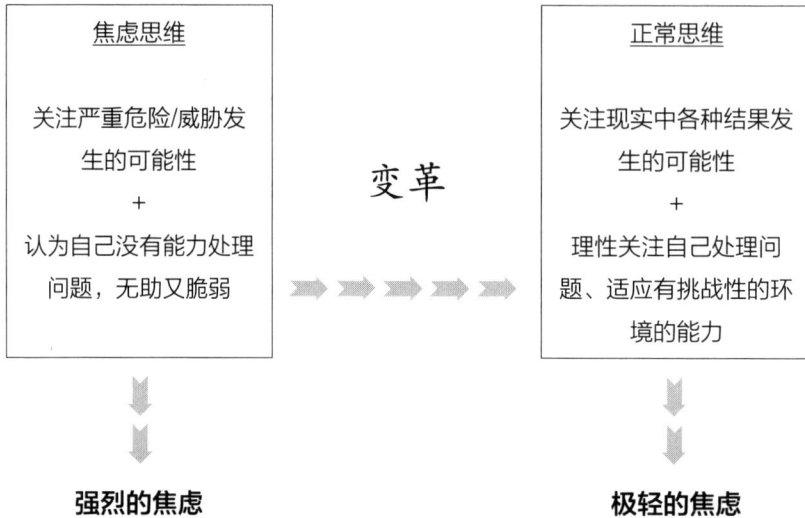

焦虑思维	变革	正常思维
关注严重危险/威胁发生的可能性 + 认为自己没有能力处理问题,无助又脆弱	⇒ ⇒ ⇒	关注现实中各种结果发生的可能性 + 理性关注自己处理问题、适应有挑战性的环境的能力
强烈的焦虑		**极轻的焦虑**

图6.1　焦虑思维向正常思维的转变

你将通过本章的练习来改变自己的焦虑思维,学会用正常思维将焦虑最小化。图 6.2 总结了本章讨论的焦虑思维的特点。通过前几章的阅读,以及练习时对自己的观察,你应该已经了解了焦虑思维的这些特征:

如图 6.2 所示,最先发生的是一些会触发恐惧感的事情。然而,下一步——高度关注各种可能的威胁和自动产生的焦虑想法——才是引起焦虑状况的真正原因:你高估了自己察觉到的危险的可能性和严重性,又低估了自己的安全性,所以你觉得很无助。把所有的因素结

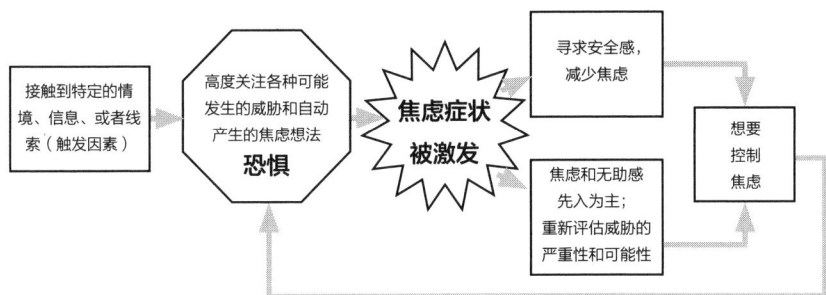

图6.2 焦虑的想法

资料来源:《焦虑症认知治疗》大卫·A.克拉克、亚伦·T.贝克 著,吉尔夫特出版社出版。

合起来,所有这些自动产生的想法都令你的焦虑问题绵绵不绝。每当菲利普想要为法律考试备考时,他都会想:"没有什么希望了,我什么都不会"(无助性假设),"我根本没有办法考好"(高威胁的可能性),"我会比第一次考得还惨"(夸大威胁的严重性),以及"我几周前才开始学习,我根本什么进步都没有"(忽略安全信息)。

认知干预的目的是纠正焦虑思维的四个错误方面(见表 6.1):倾向于认为最坏的结果是最有可能发生的(1 和 2),并且如果发生了,你没法应对(3),以及认为威胁和危险的可能性比安全的可能性大(4)。

菲利普的焦虑思维得到了纠正,所以他的想法变成了"我能带进考场的知识比我最开始预想的要多"(自信心增强),"既然我已经付出了这么多的努力,那么我得

认知干预着重于改造焦虑的心态,将自发性威胁和危险的感知调整得更为现实,让你在处理焦虑问题的能力上更自信,更加能够意识到,令你焦虑的情境其实有很多良性的、安全的方面。

表6.1 认知疗法针对的焦虑思维的四个方面

方面	定义	例子
1. 夸大威胁发生的可能性	认为坏结果发生的概率比实际情况更高	• "我的急性焦虑症可能要发作了。" • "我可能会在会议上说错话。" • "别人可能会觉得我是个怪人，不愿意跟我有任何接触。" • "公司正在裁员，我可能马上就要下岗了。"
2. 夸大威胁的严重性	不论实际情况如何，总是想着最坏的结果	• "我的急性焦虑症太严重了，所以我必须进急诊室。" • "这将是我人生中最丢脸的经历之一。" • "我永远都找不到最爱的人了，这辈子只能孤独终老。" • "经济萧条，我可能会被炒鱿鱼，失业在家很久。"
3. 预想自己的无助	觉得自己根本无法应付或解决未来的困难	• "强烈的焦虑感来袭，令我手足无措。" • "开会时我不知道要说什么。" • "我一点儿自信都没有，我很马虎，总是犯错误。" • "我的求职技巧极差，我总是在面试时给别人留下极其糟糕的印象。"
4. 低估安全性	看不到所处情境中安全的方面	• 注意不到焦虑水平与上一次在公共场合中时比减弱了许多； • 没有注意到会议上同事们的友好和支持； • 忘了别人曾邀请自己一起聊天； • 忽视公司已经完成了本轮裁员

到的 LSAT 分数应该更高而不是更低"（纠正后的可能性估计），"第二次考试，我可能会考得更好一点，而不是更差"（修正之后的严重性估计），以及"我虽然已经在拖延上浪费了很多时间，但是我现在的备考状态要比几周前更好"（更好地处理安全信息）。菲利普利用本章中介绍的八种认知策略，逐渐减轻焦虑，慢慢转向了常规的思维模式。我们给这些策略排了顺序，帮助你以合乎逻辑的方式进行练习，但是你要知道，这些步骤其实是认知方法的不同部分。你要把这些步骤结合起来，利用它们制订出一份协调的认知策略，或者"焦虑执行计划"（见第八章），来减少你的焦虑想法。

第一步：从头开始正常化；

第二步：捕捉到自动产生的焦虑想法；

第三步：收集证据；

第四步：做成本—效益分析；

第五步：不再把"恐惧"视为"灾难"；

第六步：纠正认知上的错误；

第七步：学会从其他视角看待事物；

第八步：练习规范化方法。

你会注意到，本章的练习主要针对"焦虑档案"中的威胁与危险评估部分。所以，当你把练习中学到的方法应用到自己的焦虑中去时，你需要以"焦虑档案"中的想法、信念以及认知错误为基础，再去安排你的练习。

第一步：从头开始正常化

想要改变自己的焦虑思维，首先你要知道自己应该思考些什么："如果我焦虑时的想法是错误的或者非常夸张的，那么在这种情况下我应该想些什么呢？"

正如我们所说的，每个人或多或少都会有一些焦虑情绪，所以没有人能一直无忧无虑地活着。你的目标应该是减轻焦虑，而不是彻底消除焦虑。因此，时刻提醒自己，你要怎么思考才能让正常水平的焦虑帮你改正错误，而又是怎样的想法才让焦虑严重地影响了你的正常生活。演讲、考试、遇见新的人、去参加工作面试、等待体检之类的紧张心情，大家都经历过，也都会记得。能让我们感到焦虑的事情可以说是无穷无尽的。在下面的空格中，列出最近五个月以来让你感到轻微焦虑或忧虑的五件事。

1. _____
2. _____
3. _____
4. _____
5. _____

现在，拿其中一个正常的焦虑体验为例，完成工作表 6.1 "正常

工作表 6.1 识别忧虑

提示：在下表的空白处，举一个你亲身经历的焦虑体验的例子，以及你的主要问题。请简要描述，焦虑正常及焦虑严重时，你分别是怎么想的。我们已经在表6.1中将焦虑思想分成几部分了。

1. 正常焦虑体验举例： _____

_____

_____

2. 我的焦虑问题是： _____

_____

_____

认知的类型	正常焦虑想法	问题焦虑想法
可能性 你认为负面后果发生的可能性有多大？		
严重性 你认为负面后果有多严重？		
无助 你觉得自己在处理这些可能的负面结果上，有多无助或无能？		
低估的安全性 有哪些安全因素或良性因素被你忽略掉了？		

资料来源：《焦虑与忧虑手册》大卫·A.克拉克、亚伦·T.贝克 著，吉尔夫特出版社出版。

菲利普的正常化表格

1. 正常焦虑体验举例：去年，我必须要在四年级的讨论课上做报告；我一直会因为做报告感到焦虑，但是我还是好好准备了。虽然当时感到很焦虑，但是我还是可以做完报告的。

2. 我的焦虑问题是：在为法律考试备考时和申请法学院时感到焦虑和担心。

认知的类型	正常焦虑想法	问题焦虑想法
可能性 你认为负面后果发生的可能性有多大？	虽然我在演讲时感到非常紧张，但是似乎结果都还不错。而且，很多人都会在演讲时紧张	我只知道，自己是肯定考不好法律考试的。我甚至想象不出来，自己怎么可能在法律考试中取得好成绩
严重性 你认为负面后果有多严重？	即便紧张，我还是可以完成一次很好的演讲。可能拿不到班里的最高分，但是没关系。这个演讲没有那么重要，就算我没有发挥到最好，也不会影响我的成绩	我的生活完全毁了。如果法律考试不及格，我就不会被法学院录取，那我这辈子就是个失败者，是自己和家人的耻辱
无助 你觉得自己在处理这些可能的负面结果上，有多无助或无能？	我以前也曾在紧张的状态下做演讲，当然可以再做一次。当然了，这种感觉肯定很不舒服，但是我仍然可以在演讲中清楚地表达自己的观点	我也不知道自己是哪里不对劲，可就是什么都记不住。就算我现在学习了，我也应付不了LSAT考试，我已经被它击垮了
低估的安全性 有哪些安全因素或良性因素被你忽略掉了？	我做好了演讲会用到的幻灯片，也为自己做了备注。我可以把这些材料作为引导和提示，这样即使我在演讲中感到焦虑，也不会恶化到进行不下去的地步	我这次备考一点儿进步都没有，完全是在浪费时间。可能唯一能结束痛苦的方法就是放弃吧

化表格"。基于图 6.2 和表 6.1 中的内容，比较一下，当焦虑是正常水平时，你是怎么想的；当焦虑很严重或者病态时，你又是怎么想的。记得提醒自己，焦虑在正常水平时，你的思考方式会有

你可以想一想，怎样才能更好地描述正常的焦虑思维，并在焦虑的时候都用这种思维思考。多做这样的练习，你就可以在焦虑感强烈到要爆发时也能用正确的方式思考。

助于纠正强烈焦虑时的错误思维。问问你自己："我要怎么做才能正常地考虑焦虑问题？"比如：对于不由自主的心悸、气短、在会议上发言紧张、担心自己演讲的内容不吸引人、担心伴侣是否仍然爱你之类的问题，怎样才是正常的思考方式？从"菲利普的正常化表格"中可以看出，当焦虑感保持在低水平的时候，个体是可以正常地思考的。问题就在于，你要如何才能在严重焦虑时用同样的方式思考。在空白表格之后我们给出了一张以菲利普为例的样表以供填写。

自助练习 6.1
将最初的想法正常化

准备一个 7 cm × 13 cm 的索引卡，写下你要怎样才能用正常的思维方式去思考和看待自己的主要的焦虑问题。把这张正常焦虑卡一直带在身上，当你觉得自己又要焦虑的时候，马上拿出这张卡片看一看。如果你有好几个焦虑问题，那么针对每个焦虑问题分别做一张卡，你也可以把要写的内容输进手机或其他移动设备里。

菲利普因为 LSAT 而焦虑时要看的正常焦虑卡:

现在,我还有好几个月的时间可以准备法律考试。也许我下次会考得更糟,但是我也可能考得更好,谁知道呢。未来的事情说不好,但是我能肯定的是,自己比上一次准备得更充分,因为我已经比第一次学得更多了。我以前一直很擅长考试,即便焦虑也能记住很多,这一点连我自己也曾觉得惊讶,所以这一次,我也要有自信。再者说,进不了法学院也不是世界末日。律师不是世界上最快乐、最有成就感的职业。我相信,自己做别的事情也能活得很有成就感、很满足。而且,我只是参加了一个模拟考试而已,就算上个月没有学太多,考得也还算挺好的。所以,我这次要背水一战,如果还不行,那我就接受这个结果,再为自己谋求其他出路。

● **疑难解答小贴士**

如果你需要在填写工作表 6.1 之前先刷新一下自己关于焦虑问题的记忆,那么可以先回顾一下工作表 2.2、工作表 3.1、工作表 5.2。

第二步: 捕捉到自动产生的焦虑想法

我们被灾难化思维所困扰的部分原因在于这些想法是自动产生的,还来不及察觉就被焦虑想法控制住了。因此,在认知疗法中,我们将教人们如何捕捉到自动产生的焦虑想法,这样他们就可以放慢速度来评估和纠正这些想法。转变焦虑心态的第二个步骤是掌握一种新的认知技巧：在一个焦虑周期中，有意识、有目的地尽早识别出自己对于危险和威胁的夸大想法。

用"威胁评估日记"来锻炼自己，培养在焦虑发作期间捕捉到自己产生灾难化想法的能力。这样，你的自动思维才会减缓，与焦虑相伴发生的不可控感才会减少。

● 疑难解答小贴士

有时，人们并不愿意监测自己的焦虑想法，担心自己会因为更加关注那些害怕的想法而感觉更糟。如果你只是简单地写下自己的焦虑想法（比如记日志），那么上面的担心也许非常合理。但是你要知道，这个自我监测的阶段虽然重要，却只是一个中间步骤。只有掌握了捕捉自动产生焦虑想法的技巧，你才能进行下一步治疗，从更优的方法中获益。识别出自己的焦虑想法和不切实际的想象，把它们写下来，然后读一读自己写的内容，这样可以减缓你的灾难化思维，并且让你进一步理解自己的焦虑感受。

如果你在焦虑发作时太难受了，根本没法写东西，那么就尽快填写表格。如果你不知道工作表 6.2 中的一些详细信息怎么填，那么请回头看一下工作表 5.4，然后再练习一段时间。但是，你需要完成工作表 6.2 以确保在焦虑治疗中取得更多进展，学会不用夸大的视角去看待威胁的可能性和严重性是一种重要的认知干预。

自助练习 6.2
监控思想

对于捕捉核心焦虑想法，我们建议你分两步进行：

1. 从工作表 5.4 "监测你的焦虑想法"开始，在一周左右的时间内，记录每一次严重焦虑时，你脑海中自动冒出的威胁性想法。多问问自己下面这些问题，可以帮你捕捉自己焦虑时自动产生的恐惧想法：

"当我开始感到焦虑的时候，脑海里冒出来的第一件事情是什么？"

"我在害怕什么？这种情况下最坏的结果（灾难）可能是什么？"

"在这种情况下我最关心的是什么？或者说我感觉如何？"

2. 接下来使用工作表 6.2 "威胁评估日记"，将夸大化的对危险和威胁的认识分解出核心特征。把这个表格多复印几份。未来的一到两周时间内，你需要多次用到这个表格。以后，只要你需要使用本书中教授的技能，就要用到这个表格。

像其他技能一样，想要学会捕捉自动产生的焦虑想法，也要做大量的练习。对于有些人来说，学习这项技能可能会很容易，而对有些人而言，则可能会有点儿难。不管你的起点是怎样的，每个患有焦虑症的人都需要练习这个技能，以提高监控自己的能力。你需要用到已完成的工作表 5.4 来记录自己自动产生的焦虑想法。然后，你要用一个新表格来让自己走进日常生活中去，记下自己的生活体验。认知治

工作表 6.2　**威胁评估日记**

与威胁相关的焦虑想法	可能性估计 这种恐怖的负面果发生的可能性有多大？	严重性估计 这种恐怖的负面果有多严重？	无助性 对于这些恐怖的负面结果，你觉得自己有多无助或无能为力？	低估安全性 你可能忽略了哪些安全的、良性的方面？
1.				
2.				
3.				
4.				

资料来源：《焦虑症认知治疗》大卫·A.克拉克、亚伦·T.贝克著，吉尔夫特出版社出版。

疗的四个主要治疗目标：夸大威胁的可能性、高估威胁的严重性、假定自己的无助以及低估安全性。

第三步：收集证据

你可能看过《犯罪现场调查》（CSI）这部电视剧。节目中最流行的一句话是"证据是怎么说的？"或者"让证据说话"。如果你用同样的方法处理威胁和危险的焦虑想法，用证据来证实或否认想象中的危险，那么结果会怎么样？如果你的急性焦虑症犯了，有什么证据能证明心悸就是心脏病的前兆呢？又有什么证据能表明你在别人面前表现得很丢脸呢？

以侦探的眼光审视自己的焦虑想法和信念，要做到这一点很难。大多数人太过情绪化，并不能理智推理。但是，这是一种可以减轻焦虑思想和信念的重要技巧。在认知疗法中，收集证据是一种重要且有效的方法，它能够纠正你对威胁和危险的夸张估计，进而改善你的焦虑症状。

例如安吉拉被死亡和濒临死亡的焦虑想法所侵扰。每当她有这样的想法时，她便会向丈夫一再确认，自己真的很健康，真的不会死于那些致命的疾病。严重的时候她甚至认为，自己也许注定要早死。她甚至莫名其妙地认为，自己对于死亡的执拗其实是一种不祥的预兆。她知道自己的想法不合逻辑，但是认识到这一点并没有让她感觉好一点。每当她的脑子里又冒出来死亡的想法时，她就会越发焦虑。安吉拉的认知治疗师首先用"威胁评估日记"找到了她的核心恐惧——"思考死亡会令人害怕，也很危险，因为这种想法会让人觉得死亡真的可能发生"。然后，治疗师让安吉拉分别收集支持和反对"思考死亡会让死亡更易发生"这一信念的证据。

通过收集证据来推翻焦虑的想法和信念，是认知疗法中一项关键的技能，用于纠正被夸大的威胁感和无助感（焦虑的重要因素）。想要熟练应用收集证据这一减轻焦虑的有效工具，需要你反复进行日常实践。

自助练习 6.3
收集证据

开发高效的证据收集工具需要一定的时间和反复练习。把工作表 6.3"收集证据"的行数多排几行，因为你针对一个焦虑问题收集的证据可能占据一页以上。你需要多复印一些以用在其他焦虑问题上。

1. 首先，在你不焦虑的时候完成工作表 6.3。将自动产生的、最为困扰你的焦虑想法或灾难化想法写在第一行。

2. 在接下来的一周里，随身携带工作表 6.3。每当你经历了一些事情，让你有"为什么我应该害怕焦虑"和"为什么我不应该害怕焦虑"之类的想法时，就将这些支持或否定的证据记下来。我们的目标是找到尽可能多的证据，支持也好，反对也罢。当你将所有证据都列出来之后，圈出你认为最有说服力的证据。

3. 一旦你获得了许多证据可以支持或反对你的核心焦虑思想，根据你收集到的现实证据，判断结果发生的可能性和严重程度。请记住，所有判断都要基于你收集的证据，而不是你的感觉。

菲利普在他的证据收集表里写下"我没法为 LSAT 备考，因为我无法集中注意力，什么都记不住"（第一项）。然后，他针对这个焦虑想法列出了以下证据：

在最近的几个星期里他都没有学习（支持最坏结果的证据）。

他一想要学习，就会非常焦虑（支持最坏结果的证据）。

他在不是很焦虑的状态下，每次最多只能学习 20 分钟（不能应付考试的证据）。

每当学完了一些知识，他便小考一下自己，可都答不对（表明自己很可能背不下来的证据）。

菲利普发现，虽然很难找到可以推翻这些焦虑想法的证据，但是最终他还是找到了如下证据·

当菲利普读了几页学习材料之后，他惊喜地发现：不强迫自己把材料背下来，他反而能够学得进去（推翻最坏结果的证据）。

菲利普承认，以前他在自己测验的时候，答对的题要比答错的多。显然，他记住了一些内容（推翻最坏结果的证据）。

菲利普在本科课程考试中一直表现得很好，而且在短时间内记住了很多材料（可以应付考试的证据）。

他发现，如果自己能每学习 20 分钟就休息一次，那么他的备考状态会更好（支持处境安全和自己能够处理问题的证据）。

即使学习的时候非常焦虑，他也不可能什么都记不住（推翻最坏结果的可能性和严重性的证据）。

基于这些证据，菲利普认识到，对于他来说，什么都不记得的可能性是 25%，而不那么差的结果（20%）——不能把想学的内容都学会——发生的可能性更高。菲利普意识到，以上证据表明他确实把焦虑的想法夸大了。在之后的日子里，每当他因学习效率低下而感到焦虑时，他便去填写证据收集表格。每每回顾表格的内容，看到各种推翻焦虑想法的证据，菲利普都会提醒自己，焦虑都是源于自己对威胁的夸大和错误的理解（即想象自己在学习中苦苦挣扎）。

● 疑难解答小贴士

如果你觉得收集证据很难，那么工作表 6.3 每一栏标题下面的解释可以指导你应该怎么做。注意，这些问题是与工作表 6.2 中的分类相对应的。事实上，回顾工作表 6.2 的内容，可以帮助你更好地在工作表 6.3 中收集证据。同时你要现实一点地去看待收集证据的好处。不要以为有了否定焦虑问题的证据，你的焦虑思维就不存在了。收集证据是在焦虑思维产生的过程中不断地纠正它的一种方法！这就是为

工作表 6.3　**收集证据**

日期：_____

写下你要检验的与威胁或危险有关的焦虑想法：_____

支持威胁性想法的证据	反对威胁性想法的证据
有什么证据表明你想象的威胁极有可能发生？有什么证据支持你预想中的最坏结果？又有什么证据表明你没法处理这些负面后果？	有什么证据表明威胁并不像你想的那样大概率地发生？有什么证据表明结果可能只是小小的不愉快？有什么证据表明你可以处理这些负面后果？又有什么证据表明情况比你想象的更加安全？
1.	1.
2.	2.
3.	3.
4.	4.

*多列一些支持和反对的证据。

仅基于收集的证据（而不是你的感觉），为威胁事件发生的可能性打分（0%为肯定不会发生，100%为一定会发生）：_____%

仅基于收集的证据（而不是你的感觉），为最可能发生的后果的严重性打分（0%为一点儿都不严重，100%为能想象到的最严重的后果）：_____%

资料来源：《焦虑症认知治疗》大卫·A.克拉克、亚伦·T.贝克著，吉尔夫特出版社出版。

什么处在焦虑期的你需要对焦虑思维质疑、质疑、再质疑，不停地练习纠正焦虑思维。不断地问自己："是什么样的证据，表明我在夸大情境的严重性和可能性、低估我处理问题的能力，或者我没有意识到所处情境的安全性？"

第四步：做成本—效益分析

与焦虑做斗争的人往往会采用一些错误的应对方式，导致焦虑问题从长远看来变得更加严重。他们相信，忧虑、回避、寻求安全感等才是改善焦虑的有效方法。或者他们只会默默地接受内心对威胁和危险的夸大误解。有的人突然胸口闷痛，就会自动想到自己是不是得了心脏病；有的人则一直担忧财务状况，觉得自己随时可能破产。这种在"焦虑心态"中的投入，可以用另一种认知治疗方式——成本—效益分析进行评估。工作表 6.4 提供了一份自助表格，请利用这份表格为你的焦虑思维做一个成本—效益分析。

如果你已经在焦虑中挣扎了很久，那么你可能已经习惯了用焦虑的视角来看待自己和这个世界，你也可能已经忘记了自己为此付出了怎样的代价。做一个针对焦虑问题的成本—效益分析，是纠正这种错误思维的实用工具。告诉你自己，你是用多大的代价来让自己继续相信那些与威胁有关的夸张思维和信念的，这样你就不会再总往最坏处想。

在你感觉焦虑的时候，收集证据和为焦虑思维做一份全面的成本—效益分析都能为治疗焦虑添砖加瓦。

自助练习6.4

做成本—效益分析

1.多复印几份表格，在你不焦虑的时候完成工作表6.4的成本—效益分析。写下具体的焦虑想法，然后从短期和长期的角度，分别尽量详细地写出这个想法的优点与缺点。避免笼统或者模糊的阐述，否则这份分析表很难发挥作用。

2.圈出对你而言最重要的优点和缺点。

3.试着写下更加现实、适度的想法或者信念，然后重复上面的练习。你可以回看之前写下的正常焦虑卡，以此为参考，用更加现实的、适当的方式去思考自己的焦虑问题。

4.每当焦虑期过后，请回顾一下成本—效益分析表，你需要多花几天的时间去练习纠正、添加并且删减某个焦虑想法的优点/缺点。在不焦虑的情况下完成表格，你可能会遗漏某些内容、细节。

5.每当你感到焦虑的时候，都回头看看这份成本—效益分析表格，这样你会更加了解与熟悉焦虑思维的缺点，在焦虑来袭时，你就会自动想到这些缺点。

杰里米患有广泛性焦虑症，他最主要的忧虑就是"我没存够钱，没法保证自己不会破产"。利用成本—效益分析表格，杰里米记录了这个忧虑，并列出了它的优点和缺点，同时圈出了对他而言最重要的优缺点。对于忧虑的即时和长期的优点，他列出了：

1.迫使他每个月存更多的钱，因此，他的存款总额在缓慢地增长。

2.他更加密切地注意自己的花费。

3.他为可能的经济损失做出了更好的准备。

4.他很确定，即使丢了工作，自己也不会破产，更不需要卖掉房子。

5.他在存钱的时候对自己感到更加满意。

忧虑的缺点是：

1.越是想着自己没存够钱，就越焦虑、紧张。

2.一旦他开始担心自己存得不够多，他就无法停止这种想法。这种想法困住了他。

3.因为担忧投资的增损，所以他没法好好睡觉。

4.生活都没什么乐趣了，因为他总是担心自己的经济状况。

5.他总是没法让自己享受生活，因为害怕花钱。

6.他和老婆因为存钱和消费大吵了一架，她甚至放下狠话，如果他再这样下去，就离婚。

7.他对孩子都很少亲近了，因为他只关心经济状况。

8.每天晚上，他都花很长时间查看自己的投资状况，因此感到十分沮丧。

杰里米花了相当长的一段时间去想，什么才是管理财务更加现实的方法，他最终产生如下的想法：我已经存够了钱去应对暂时的、不太严重的经济损失，但是我并不能保证自己可以熬过严重的长期财政危机。这种替代性想法的好处是：

1.对存款没那么焦虑了，因为他不再需要大量的存储净值来维持安全感了。

2.对于股票市场的动荡更有耐心了。

3.对于监控投资情况的需求减少了。

4.更加自由的消费，使他享受了生活的愉悦和舒适。

5.他对消费的控制没那么严格了，因此和妻子在这方面的争吵变得越来越少。

替代性想法可能有的缺点是：

1.他的存款少了，因此投资也减少了。

2.对于未来可能的经济损失，他没有准备得非常充分。

● 疑难解答小贴士

仅仅靠自己，你可能很难发现成本—效益分析对减少焦虑想法有多大帮助。同时使用收集到的证据和分析表，会使你的治疗效果达到最好。重点在于，你要彻底地评估和思考夸大化的威胁都有哪些缺点，而不是把成本—效益分析当成一种理性思考。你应该用情感去体会这些缺点，而非理智。为了达到治疗的效果，你必须在自己的成本—效益分析表上多下功夫。你需要经常补充内容、回顾，每当感到焦虑的时候就拿出来看看。此外，时刻提醒你自己："我既可以想象未来可能

工作表 6.4　成本—效益分析

日期：_____

1.简要描述你的焦虑想法或者信念：_____

即时和长期的优点	即时和长期的缺点
1.	
2.	
3.	
4.	
5.	
6.	

圈出对你而言最重要的优点和缺点。

2.简要陈述替代性想法：_____

_____

即时和长期的优点	即时和长期的缺点
1.	
2.	
3.	
4.	
5.	
6.	

圈出对你而言最重要的优点和缺点。

资料来源：《焦虑症认知治疗》大卫·A.克拉克、亚伦·T.贝克 著，吉尔夫特出版社出版。

发生的最糟糕的威胁，也可以想一些没那么恐怖的事情。怎样想才是对自己最好的呢？我是不是总是倾向于关注最坏的可能性，觉得它才是最可能发生的？这是不是造成了很多负面结果？会令我付出什么样的代价？"

第五步：不再把"恐惧"视为"灾难"

焦虑发作时，我们会自发地产生一些想法和行为，以避免想象中的最坏情况或者灾难性的结果发生。每当蕾妮身处拥挤的环境时，她都会感到格外焦虑，好像自己的呼吸道被堵住了一样。她会不停地清嗓子、尝试深呼吸。蕾妮因担心窒息的可

过度焦虑的根本原因，是被想象中的最坏结果激发出极度恐惧。想摆脱灾难化的视角，你需要详细地写下灾难场景，并想象如果这一天真的来了，自己应该如何去面对这个场景，提前制订出一份应对计划。

能性而焦虑，但是她最害怕的是，这些症状会不会是一种退行性神经系统疾病［例如渐冻症（Amyotrophic Lateral Sclerosis，ALS）］的征兆？她太害怕得这个病了，以至于任何关于 ALS 的信息都会马上触发她的焦虑反应。

对于很多患有焦虑症的人来讲，一些想象中的灾难已经成为他们不惜一切代价都想要摆脱的噩梦。在这种情况下，不要再逃避，勇

敢地直面想象中的灾难，才是控制焦虑的强有力的治疗方法。你的焦虑思想中是否包含了绝症、致命伤、严重的意外事件、令人难堪的经历、过去创伤的复现或者严重打击个人的行为等终极灾难？如果是的话，那么不要再把想象中的恐惧视为灾难了，这是减少焦虑思维的重要认知治疗干预手段。

自助练习6.5
不再把恐惧视为灾难

1.识别最坏的情况。焦虑来源于终极的恐惧。除非你与自己最深处的恐惧做斗争，不再把恐惧视为灾难，否则本章介绍的治疗方法根本帮不了你。你是否害怕失去所爱之人、患上绝症、被所有人忽视而孤单到底、在追求某个重要人生目标的路上失败收场？无论最差的情况或者灾难是什么，它必须是你心中最害怕的场景。

2.在一张空白纸上，写下对灾难情景的详细描述。形容下你能想象到的可能发生在自己身上的灾难事件，尽可能详细地给出细节。然后想一想，为什么这个可怕的悲剧会发生呢？它是如何影响你的生理感受和情感状况的？你的家人、朋友和同事对此是如何回应的？在你看来，这个灾难会给自己的生活造成怎样的影响？对此，你能够做什么，又不能做什么？你想象中的生活是怎样的？你准备如何处理？

3.现在，花一点儿时间重新看看你写下的灾难事件。试着去想象一下，如果这些灾难都没有发生，那么你的生活会变成什么样子？在接下来的几天内，每天用至少半小时的时间，尽力想象当生活充满了灾难时，你生活在"暴风雨中心"，你的人生会是什么样子。重要的是，不要仅仅在理智上感受灾难，而要尽量感受到灾难中交织的情绪。用几天的时间去做"坏事想象"练习，你会注意到，想象这些灾难性事件不再那么容易令你焦虑了。当焦虑强度减少到一半的时候，你应该就不会再将恐惧视为灾难，便可以进行到下一步了。

4. 做好问题导向的处理方案，你可以用这个处理方案来应对灾难的发生。你会用什么办法把灾难的影响降至最低呢？你会怎样处理好自己的工作、家庭、社交关系、娱乐和休闲生活？你怎么能保障自己的生活质量？在这种情形下，你如何才能鼓励自己更有自信、更积极乐观呢？你知道任何和自己有相似的灾难经历，并且还解决了这个逆境的人吗？他们有哪些方面是你可以去学习的呢？在写着灾难事件的那张纸上，写下相应的处理方案。

5. 写完处理方案之后，在两周的时间内，每天都想象自己能有效地处理灾难事件。继续这个练习，直到你真的可以认为自己能够处理好灾难事件为止。届时，你因灾难而产生的焦虑感也会减少到原本的三分之一。

菲利普的灾难性恐惧是无法进入法学院进修，并且认为自己余生都只能成为"家族废物"。在他想象被法学院拒收后的生活叙述里，他写着：自己不得不干一份卑微的低薪工作，永远结不了婚，更不会有自己的家庭，觉得自己再也无法成功。然后他思考着如何用更有效的方式来处理这个情境——他如何在法律之外的领域找到有意义的事情做，如何与其他人互动，即使没有体面的工作，也能展开恋情。即使带着失望，也可以拥有大部分人生。菲利普想过，如果自己必须去找一份类似于碟片租赁店的经理助理的工作，那会是怎样的情形：他不会赚那么多钱，必须和别人合租一间公寓，但那也意味着他可以交很多知心朋友，周末和晚上可以跟他们一起出去玩儿；此外，他也可以一边工作，一边攻读 MBA 学位。这个练习大幅度地减轻了菲利普对失败的恐惧，也让他对能否被法学院录取的事情不再那般焦虑。

● 疑难解答小贴士

如果摆脱灾难想法的练习并不能帮助你减轻焦虑，那么请先确认一下，你想象的是真实的灾难，是能想到的最糟糕的事情，而不仅仅是一个普通的坏结果；哪怕这件最糟糕的事情根本不可能发生，你也需要把情况想成最坏。例如你因为同事对自己的负面评价感到很焦虑，你要想象一些极其糟糕的场景，如整个办公室都因你说了什么蠢话而大声地嘲笑你，而不仅仅是隔间的人说她不喜欢你的新发型，说还没有以前的好看。你所选择的灾难事件也要与自己的焦虑问题直接相关。另外，即使你在练习时已经感到焦虑，也不要停止想象灾难性事件；不要只想象一两次，而是要不断地强迫自己去面对想象中最坏的情况。最后，要确认你的应对方案是切实可行的——你必须能够投入这个应对方案中，才能让它发挥效果。

第六步：纠正认知上的错误

已经在识别焦虑期的认知错误上付出了很多努力。第六步会教你做出改变的能力，以及如何识别焦虑时候的思维错误。

训练自己去高度关注认知错误，这是学习如何纠正焦虑思维和想法的重要一步。

自助练习6.6

纠正认知上的错误

1. 回顾你在自助练习 6.2 和 自助练习 6.3 填写的内容，写下焦虑思维中所有明显的错误。

2. 在接下来的几个星期里，训练自己更加关注焦虑思维。每当你感到焦虑的时候，放下手头所有的事情，问问自己："我现在在想什么？""我此时此刻所想的有任何错误吗？""我有没有将事情灾难化、妄自断定、目光短浅、情绪化推论或者太过武断呢？"在一张空白纸上，列举几个焦虑期的你总会犯的普遍性思维错误的例子。在接下来的几天内，你应该会收集到很多思维错误的例子。这样练下来，当你再次感到焦虑的时候，你便会特别注意到这些错误。

　　菲利普注意到自己的焦虑想法——"在学习的时候，我无法集中注意力；我什么都理解不了"中有很多认知错误：视野狭隘（他只关注自己不知道的，而忽略了自己已经学会的知识），情绪化推论（因为焦虑，他觉得自己肯定没法集中注意力去学习），以及"全或无"思维（如果我什么都记不住，那肯定是因为我没有集中注意力）。每当他对学习感到焦虑时，这些思维错误都肆意产生。

● 疑难解答小贴士

　　如果你需要回忆焦虑时的各种认知错误，那么请重新查阅表3.2。如果你仍然很难找到焦虑想法中的错误，那么请先找找朋友和家人的想法中有哪些错误。通常，人们会更容易看到他人想法中的错误。找了几次之后，尝试着去注意自己在不焦虑时会有什么错误想法，再回过头来，去找焦虑时的错误想法。你可以问问了解自己的伴侣或者亲密伙伴，他们可以帮助你识别焦虑想法中的认知错误。当然，如果你正在治疗中，你会在课程中学习到这一技能。

第七步：学会从其他视角看待事情

　　基于之前的阅读，现在的你已经充分认识到，自己的焦虑想法是夸大的、过度的，并且完全没有好处，但是你可能并不确定什么才是更健康、正确的视角。或者即使知道，你也无法在焦虑时说服自己去相信这些视角。在解决信念的问题之前，让我们先来关注一下，如何学会从其他的、不焦虑的健康视角来看待你的焦虑问题。你可以用工作表6.5来建立一个替代性视角。

要从理智到情感全面地接受并运用更健康、更熟练的视角看待焦虑问题，你需要付出时间并不停地反复练习。

自助练习6.7

学会从其他视角看待事物

1. 写下你自动产生的焦虑思维或者对某件事的灾难化解释，接着写下你最渴望或者最理想的结果。然后，回顾你之前填写的"收集证据"表（工作表6.3），试着写下最符合那些证据的解释或者结果。最后，针对焦虑问题的三种可能（灾难化解释、最理想的结果以及最贴近现实的解释），找到并写下相应的支持证据。基于证据，这三个结果哪一个看上去最令人信服呢？当你想要找到替代性解释时，请问问自己以下几个问题：

"在有焦虑问题之前，我是怎么理解这个焦虑问题，或者是怎么理解触发焦虑的场景的呢？"

"正常人会怎么看待这个令人焦虑的问题或者场景？"

"仅基于这些证据，如何解读这个焦虑场景才最合理？最可能产生的结果是什么？"

"当我冷静下来，能够理性地思考问题的时候，我会如何看待这个焦虑问题及其触发因素？"

2. 找到某个焦虑问题的替代解释之后，当你再一次感到焦虑时，试着把符合实际的替代解释应用到焦虑想法中。继续从日常生活中收集证据，证明替代性解释更符合现实的情况，也更加合理。在工作表6.5中记下这个证据。

乔迪在公共场合会感到特别焦虑，因此她都尽量避免去这些地方。在人群中，她会不由自主地想：我没法信任这些人，他们侵占了我的个人空间，给我的安全感带来了极大的威胁，所以，我必须要在自己失控之前离开这里。乔迪非常渴望摆脱这些想法，希望自己在被陌生人包围时不会产生威胁感或者不信任感。但是基于收集到的证据和最近的经历，她意识到这个愿望是不切实际的。就自己在公共场合的焦虑问题而言，最现实的替代性解读是："我已经意识到，公共场合中的自己一开始肯定会感到不适和无助。我需要四处看看，把自己的关注点放在客观线索上，这些线索表明我现在很安全，身边的人根本不会威胁到我。我需要维持现在的状态，让焦虑感慢慢地自然消退。这个焦虑问题的起因是自己曾在人群中被挤过，但是我要清楚从前是从前，现在是现在。如今我已经可以站在商场里，知道自己并不会受到任何威胁，也根本不危险。我的焦虑问题也许很严重，我的急性焦虑症可能很快就要发作了，但是我可以控制这些感受。我也能控制自己的身体，熬过短期的高度焦虑和激动。"

工作表 6.5　替代性解释

日期：＿＿＿＿＿＿＿＿＿＿

1. 请简要陈述与焦虑问题相关的灾难性结果（最糟糕的情况）：

＿＿＿＿＿＿＿＿＿＿＿＿＿＿＿＿＿＿＿＿＿＿＿＿＿＿＿＿＿＿＿＿＿＿＿＿＿

＿＿＿＿＿＿＿＿＿＿＿＿＿＿＿＿＿＿＿＿＿＿＿＿＿＿＿＿＿＿＿＿＿＿＿＿＿

2. 请简要陈述与焦虑问题相关的、最令人渴望的、理想的结果（最好的可能性
场景）：

＿＿＿＿＿＿＿＿＿＿＿＿＿＿＿＿＿＿＿＿＿＿＿＿＿＿＿＿＿＿＿＿＿＿＿＿＿

＿＿＿＿＿＿＿＿＿＿＿＿＿＿＿＿＿＿＿＿＿＿＿＿＿＿＿＿＿＿＿＿＿＿＿＿＿

3. 请简要陈述与焦虑问题相关的、最贴近现实的（可能发生的）结果：

＿＿＿＿＿＿＿＿＿＿＿＿＿＿＿＿＿＿＿＿＿＿＿＿＿＿＿＿＿＿＿＿＿＿＿＿＿

＿＿＿＿＿＿＿＿＿＿＿＿＿＿＿＿＿＿＿＿＿＿＿＿＿＿＿＿＿＿＿＿＿＿＿＿＿

可怕结果的证据 （灾难性看法）	理想结果的证据 （最令人渴望的目标）	最可能发生的结果的证据 （其他视角）
1.	1.	1.
2.	2.	2.
3.	3.	3.
4.	4.	4.

资料来源：《焦虑症认知治疗》大卫·A.克拉克、亚伦·T.贝克 著，吉尔夫特出版社出版。

● 疑难解答小贴士

为某个焦虑问题发现更适合的、更健康的视角，需要花费一定的时间和精力。如果你很难找到焦虑问题的替代视角，那就先把它看成一次"智力练习"。换句话说，尽量不要用你已经相信的或者早已接受的视角。相反，试着把自己从焦虑问题中抽离出来，想象这个焦虑问题或者场景是关于一个朋友或者同事的。如果这个朋友或同事对于焦虑问题怀有这样的错误想法，你会给出怎样的建议呢？你也可以问问好朋友、家人或者伴侣，看看他们对于那些令你焦虑的场景有何看法。他们是如何看待焦虑本身的？举个例子，当他们开始紧张、感到胸口不适、心悸时，他们是如何用不焦虑的方式来解释这些感觉的？把他们的正常视角变成你自己的视角，为此努力收集证据，这样下来，你肯定可以站在自己的焦虑思维上接受替代视角。如果你正在接受治疗，学会用其他视角看待问题，这是认知治疗的一个主要关注点。

第八步：练习规范化方法

一旦完成了本章的所有练习，你会发现，自己能用新的视角去看待焦虑问题及其产生的错误想法了。通过收集的证据、成本—效益分析、不再把恐惧当作灾难以及寻找替代视角的方式，你可以重新认识什么是正常的想法以及如何回归到正常的生活中去。

自助练习6.8

将焦虑正常化

1.回顾工作表6.1中的"正常焦虑卡"。现在，你可以对卡片上的内容进行适当修改，写一写对于之前的焦虑问题而言，什么才是最精确、最详细的替代想法。你的正常焦虑卡应该强调以下问题：

"什么是这个情境中最有可能出现的结果？"

"最可能出现的情形是不是真的那么严重或者令你无法忍受？"

"我希望能怎样处理这个最可能出现的结果？"

"这个情形的哪个方面比我想象的更安全？"

2.每当你感到焦虑时，都浏览一下新做的卡片。如同你在上个自助练习所做的那样，继续记录任何能够支持这个替代解释的证据。如果你能够坚持下来，那么几个星期之后，你会越来越相信这个替代视角，越来越否定威胁、危险和脆弱感的焦虑想法。

根据在本章中完成的认知作业，菲利普针对焦虑中的自己害怕无法投入学习中去的问题，做出了以下的替代解释：

当我努力为 LSAT 备考时，我会格外焦虑。但是，只有那么一两次，焦虑感变得特别严重，令我非常惊慌。通常情况下，我会感到胃里不适，很难集中注意力（更改对问题的可能性和严重性的估计）。我发现了，如果我把时间花在认真阅读学习材料上，而不是测试自己有没有记住材料上，焦虑感会更加容易减退。实际上，我学会的知识比想象中的更多，因为当我回顾以前的内容时，对很多概念都感到很熟悉（减少无助感）。所以，我需要记住，焦虑的确会让我的智力功能减退，令学习变得没那么有效率。因此，我需要练习新的学习方法，把高度焦虑状态下的学习情况列入复习计划内（重新考虑安全的方面）。

本章总结

1. 在认知治疗中，如果我们能把自己自动产生的焦虑想法转变成正常化视角，并且在这种视角的基础上对威胁、危险和无助感做出更加现实的合理解释，那么焦虑感肯定会大幅减少。

2. 纠正被夸大的想法，先要识别出轻度焦虑的人如何用正常的想法来思考问题。

3. 有技巧地捕捉自动产生的焦虑思维和错误解释，是纠正夸大的威胁想法的前提之一。

4. 学会质疑，用怀疑的态度去面对自己的初始焦虑想法，要努力用收集到的证据来检验你的焦虑思维，这是认知治疗的关键因素。

5. 每天练习对自己的焦虑思维提出质疑，真正开始对自发性焦虑解释"有疑问"，这一点非常必要。

6.不断提醒自己，焦虑思维需要付出哪些长期的和短期的代价，这样你会更加质疑焦虑想法的可信度，这是另一个重要的认知方法。

7.大部分人的焦虑症都以核心恐惧为基础，所以焦虑状态才会持久不衰。面对自己最坏的情绪，或者最大的恐惧，用一个合理有效的处理方案来解决，可以帮助你化解焦虑的根源问题。

8.更加关注焦虑时期的思维错误，对于评估自动产生的焦虑思维和信念的精确性而言，是十分有帮助的。

9.学会用一个细节的、可信的、现实的并且可能的替代性视角来解释或者理解你的焦虑问题，然后在你开始感到焦虑时，用"正常焦虑卡片"把这个替代视角应用到问题中去，这一点对于彻底转变焦虑思维最为重要。

勇敢地面对恐惧

你要提醒自己：除了焦虑的核心恐惧，在一般的困难面前，自己是可以表现出勇敢和力量的。同时，你也应该铭记在心，自己同样可以用这种韧性去勇敢地面对和战胜焦虑问题。

韦式词典将勇气定义为"乐于冒险，坚持不懈，在危险、恐惧或困难面前勇于承担的精神力量"。从这个定义中可以看出，勇气一直与我们同在。要想在这个充满挑战和困难的社会中生存下去，确实需要勇气。亲戚、朋友、邻居、同事对生活中大小事情的态度和处理方法中，处处可见勇气。而你也一样，凭借勇气的力量努力生活着。只是，你和其他勇士的不同之处在于，焦虑蒙蔽了你的双眼，让你很难看到自己的勇气，也很难记起过去的你在问题和挑战面前表现得多棒。焦虑可能已经主导了你的生活，让你觉得现在的自己就是一个软弱、无能又胆小的懦夫。你曾经拥有过的勇气似乎莫名其妙地就消失了，只剩下了懦弱。但事实上，你仍然拥有勇气。本章会帮你重新找回属于自己的勇气，再与焦虑做斗争。

有些看起来比你更勇敢的人，也难免要遭受"勇气丧尽"的痛苦，需要非常努力才能重新变得勇敢，就如下面这个例子一样。杰勒德，身高约 188 cm，体重约 100 kg，是一名身体素质极佳的士兵。他刚刚从阿富汗南部回来，完成了第二次轮班。在阿富汗南部，他经常被安排到危险的村子里徒步巡逻，或在遭到敌军火力攻击时加入护送队，还要在与塔利班交火时参与战斗，他常常置身于危险之中。有一次，他在火力猛烈的战场上救出一名受伤严重的战士。但他从阿富汗回家之后，突然就没了毅力和韧劲。在几个月的时间里，他变得越发易怒、暴躁、焦虑，他的生活开始崩溃。他会连续好几天都觉得非常恶心，总是强烈预感到有坏事会发生。当有旁人在时，他的焦虑似乎会变得更加严重，所以他开始避免社交活动。他很难在人群中待很久，宁愿独自待在家里。同时，他的情绪也开始恶化，觉得沮丧，对任何事情都提不起兴趣，对生活和未来感到绝望。他从一个勇敢的、坚韧的士兵变成一个躲在地下室里不肯见人的、孤独又畏首畏尾的父亲——没有什么比这种落差更戏剧化了！

杰勒德的家人花了好几个月的时间才让他相信，他得了焦虑症和抑郁症，并且需要帮助。起初，他并不觉得寻求帮助本身就是一件需要勇气的事情，直到他接受了一个系统性改变行为的治疗，发现自己能够勇敢地面对焦虑之后，他的意识才得到了改观。本章会介绍此类方法。你也可以如杰勒德一样重新获得勇气。也许你已经忘了曾经的自己有多勇敢，忘了自己也曾敢于面对生活中的不确定和困难。但是没关系，不管是否意识到，你仍然是勇敢的。焦虑不能消灭勇气——焦虑可以掩饰勇气，可以遮盖勇气，但就是无法消灭勇气。

勇敢的行为

你最后一次坚持某件事情是什么时候？最后一次做出某个需要力量、决心、承担风险的行动又是什么时候？起初，你可能会觉得，自己做的事情跟勇气一点儿都不沾边。但据我们所知，实际的情况根本不是这样。你可能曾因为某件棘手的事情而必须去面对某个人，你可能曾经不得不做出一个正确但会带来困难和不确定的决定，或者你可能曾经必须去面对某个完全失控的困难局面。生命中的挑战经常不请自来，比如：搬到一个完全陌生的城市、开始一份新的工作或学习计划、生了重病、丢了工作、与爱人分手、孩子过于叛逆、生活伴侣酗酒或者赌博等，但是那并不意味着你没有面对困难的勇气。

为了向自己证明你曾经表现过勇气，在工作表 7.1 中列出 5 条到 6 条你表现过力量和勇气的场景，过去的、现在的都可以。在什么情况下，你做过的哪些事情可以被解读为力量和勇气？

现在，看看你的列表，思考里面的内容。阅读本章的时候，把工作表 7.1 放在手边，时刻提醒自己，你可以很勇敢。**我们的目标是帮你发现自己的毅力和勇气，并以此去勇敢地面对焦虑。**

● **疑难解答小贴士**

如果你不愿意填表，那么请记住：除了你，没有任何人需要这张工作表。如果你实在想不起来自己何时勇敢过，那么去问问好朋友、伴侣、父母或者其他家人，看看他们是否能想到任何与你的品格、智谋有关的往事。

直面你的恐惧

当你的内心被焦虑占据时，你下意识的反应便是逃跑，或从根源上阻止焦虑问题的产生。在上文的例子中，杰勒德每次和妻子去购物时，都会感到焦虑不安，所以后来他索性不再和她一

你要提醒自己：除却焦虑的核心恐惧之外，在一般的困难面前，我是可以表现出勇敢和力量的。同时你也应该铭记在心，自己同样可以用这种韧性去勇敢地面对和战胜焦虑问题。

工作表 7.1　**勇敢的行为**

提示：简要描述一些最近你遇到过的非常困难或充满不确定性的情境。其中，可以有诸如失去亲人一类的重大生活事件，也可以是一些小事，比如你在会议上发言时感到特别焦虑。在表格的第二列中，说明一下你是如何以毅力、力量和决心来应对这些情况的。

艰难的、充满不确定性的生活环境、情况，或日常必做的事情	力量和勇气的证据 你是如何以力量、决心和勇气来克服这些困境的？
1.	
2.	
3.	
4.	
5.	

资料来源：《焦虑与忧虑手册》大卫·A.克拉克、亚伦·T.贝克 著，吉尔夫特出版社出版。

起去超市了。但逃跑和回避产生的问题是，人们会为短暂的安逸付出高昂的代价。从长远来看，逃跑和回避是造成焦虑感持续不退的重要因素。它们会加重那些被你夸大了的威胁和危险思想，也让你更加笃信自己真的没有能力去应付这些令你焦虑的情境。回顾一下你的"焦虑档案"（工作表5.9），评估威胁或者危险（Ⅱ）和控制性处理方式（Ⅲ），你就能了解自己是如何在不同的焦虑情境（第一部分）中选择逃避的，或者做出其他寻求安全的反应。

过去五十年里，通过数以百计的科学研究，心理学家和精神病学家已经证明，改善焦虑和恐惧的最好办法就是有计划地让患者反复暴露（exposure）于恐惧情境之中。"暴露"可以定义为：

有计划地、反复地、长期地让病人接触那些因焦虑而避开的外部物体、情境、刺激，或者内部产生的思想、印象、记忆。

例如有些暴露练习会让患者反复接触那些令其焦虑的陌生情境：可能让患者在会议上发言，也有可能让患者去陌生的地方旅行。换句话说，暴露就是让你鼓起勇气走出自己的舒适区。毫无疑问，通过暴露来直面恐惧需要决心、勇气和责任感。然而，与数百名焦虑症患者接触过之后，我们发现，有规律地反复并长期地让患者暴露于焦虑的触发因素之中，会令焦虑程度快速且持续地减轻。暴露可以被认为是一种"脱敏"（desensitization），通过反复接触恐惧的触发因素及相应的焦虑感，患者能够学会以一种更现实的视角去看待这些情况，从而增强对焦虑感的忍耐力。对于杰勒德来说，暴露意味着他要逐渐地、有计划地多去接触其他人，尤其是在杂货店、电影院、购物中心等公共场所中。

一开始，杰勒德非常抵触暴露这个主意。很多焦虑症患者都会试图忽略"暴露信息"，你也不例外。想要直面自己的恐惧，并且主动去接触恐惧，确实不容易。所以，现在你的心底可能有一种声音正在说：何必呢，这样强求没有任何意义。如果你在工作表 4.1 上选了"做这些作业让我更焦虑了"这一项，那么你可能也会同意工作表 7.2 上的很多其他理由，而拒绝接触焦虑的触发因素。通读工作表 7.2 中的清单，指出令你不愿意接受暴露治疗的原因。

选完之后，仔细读一读你的理由，并且问问自己为什么会这么想。你不想尝试暴露治疗是不是因为自己经历过什么或者读过什么？比如你如果对表中的第一条原因——"焦虑感会过于强烈，我将无法承受"十分认同，那么是不是之前的治疗让你感觉非常不好，或者你自行尝试过暴露练习但是失败了，又或许你读过什么、听过什么，才令你对暴露治疗这般抵触？或者你是否一想到暴露就会感到担心？那么接下来，辩证地思考一下你的理由。支持和反对的证据分别是什么？你的担心真的有必要吗？你的思维里有没有任何认知错误或扭曲？你是不是把暴露治疗"妖魔化"了，把它想得太糟糕了？有没有什么更加适当的替代视角去看待暴露治疗？你在第三至

> 对暴露的误解应该受到质疑和评估，这样你才能敢于让自己有规律地长期暴露于恐惧的触发因素中——这是一种消除恐惧和焦虑的高效治疗策略，也是治疗获得成功的最好机会。

工作表 7.2　拒绝暴露治疗的理由

提示：通读以下可能导致你拒绝接受暴露治疗的理由，并在"是"或"否"上打钩。		
理　由	是	否
1. 焦虑感会过于强烈，我将无法承受		
2. 焦虑会不断恶化，可能会持续好几个小时甚至好几天		
3. 我最近已经没那么焦虑了，暴露会扰乱我颇为平静的生活		
4. 我曾经试过让自己暴露在恐惧的情境中，但是丝毫不起作用，我仍然感到非常焦虑		
5. 在开始暴露治疗之前，我需要把焦虑降低到可控制的水平		
6. 在开始暴露治疗之前，我需要先学会如何更好地控制自己的焦虑		
7. 我已经焦虑太久了，我觉得暴露治疗帮不了我		
8. 我不明白，让自己更焦虑怎么能够最终减轻焦虑水平呢？		
9. 我的焦虑是由内心的某些想法、想象、记忆或者担忧引起的，我不明白暴露治疗如何能帮到我		
10. 暴露治疗对其他人可能会有效，但是我的焦虑情况比较特殊，我看不出来它能帮我什么		
11. 我太焦虑了，根本没法集中注意力在暴露治疗上。我要等到药物产生作用之后再做暴露治疗		
12. 我没有接受暴露治疗的勇气和意志力		

资料来源：《焦虑与忧虑手册》大卫·A.克拉克、亚伦·T.贝克 著，吉尔夫特出版社出版。

六章中做了大量功课，应该已经学会如何测试自己的信念，现在便是调用这项技能的好机会。只需适度地挑战一下自己关于暴露治疗的负面想法，你应该就会愿意尝试本章介绍的暴露练习。做完之后，你会发现，虽然暴露练习可能会在最开始的时候触发强烈的焦虑感，但是这种焦虑感是可以承受的，如果你不去理会它，它就会自行消退。

本章主要有两个教你进行自助练习的任务：首先，你必须做一些基础工作来为暴露练习做准备；其次，你得进入自己的日常生活和工作中去完成这些练习。我们会引导你完成整个过程。在本章的暴露练习中，你将用到"焦虑档案"的焦虑触发因素部分（Ⅰ）和控制性处理方式（Ⅲ）。所以，请时刻准备好工作表5.9。但是，就像第六章讲过的一样，我们建议你在开始做练习之前先读完第八章，第八章的内容能帮助你更好地从认知和行为两个方面规划心理康复计划。

> ● **疑难解答小贴士**
>
> 如果你仍然对暴露治疗持有消极看法，特别是觉得它并没有什么效果，那么请回顾一下第四章的内容，提醒自己，厄尔犯了什么错误才使暴露练习一点儿作用都没有的。你有没有遵循第四章的7条"成功法则"？如果没有，你可能还没有给自己一个挑战的机会，或者你的暴露练习并没有好好计划，如第四章讲的那样。你是否愿意再试一下暴露练习呢？这一次，确定你使用的是精心设计好的暴露任务。你也可以再次读一读工作表5.4的内容，想一想自己面对那些焦虑的情境时会产生怎样负面的、沮丧的想法。也许就是这些想法才令你难以接受暴露治疗吧。如果是这样的话，那么用第六章学到的认知技能去挑战那些阻碍你直面焦虑情境的消极思想吧。

制订一份有效的暴露治疗计划

玛丽患有严重的社交恐惧症，她的暴露练习之一就是打电话给朋友，邀请其去看电影。玛丽一直拖延着不做练习，直到预约治疗的前一天。这一天，她一直惴惴不安，由于心中的焦虑感太过强烈，令她几乎惊慌失措。她纠结了许久，终于打了电话，但是她的朋友恰巧不在家。玛丽想留个言，但是焦虑中的她忘了留自己的电话号码。所以，她的朋友没有回电话。玛丽先是特别焦虑，后来因朋友不在家而感到释然，由于情绪起伏太剧烈了，以至于她再也不想做暴露练习。不幸的是，玛丽没能和她的治疗师一起打破这个僵局，所以最终只能停止治疗，她的社交焦虑问题丝毫没有改善。

与第四章的厄尔一样，玛丽犯了一个阻碍暴露练习发挥作用的普遍性错误：她只是稍微试了一下暴露练习，便认为情况没有丝毫好转，反而感觉更糟了。厄尔只试了一两次暴露练习，每次只持续了几分钟，然后就下定论——这个方法不适合他。这些令人扼腕的例子告诉我们，为什么在开始练习之前精心制订计划是如此重要。

同样地，当你开始一个暴露治疗疗程时，一定要充分了解到自己该期待些什么。千万不要指望治疗会非常轻松或者一点儿都不痛苦。暴露练习会让你感到轻微的甚至强烈的焦虑，你可能会想"逃跑"。直面恐惧，坚持暴露练习，需要勇气和决心。你可能会不堪压力，想

要重拾"逃跑与躲避"的旧习惯。但如果你能坚持下来——如果你像以前一样鼓起勇气——你就能学会用暴

书面暴露练习计划最大限度地提高了干预治疗的有效性，并确保不会让你的焦虑不减反增。

露练习改善焦虑问题，并且取得很大的成效。当然，不论你是否正在接受正规的治疗，你都需精心设计自己的暴露练习计划。我们已经在第四章中介绍了一些有效自助练习的关键点。在此基础上，以下是构建有效暴露练习计划所需的五个额外步骤：

1. 制订一个系统的、循序渐进的书面暴露练习计划，这个计划可以带领你逐个击破各个层次的恐惧触发因素，最终克服某个核心恐惧；

2. 识别和评价自己对暴露治疗的错误思想，这样你才能不被先入为主的不利疑虑影响，才能在治疗中畅通无阻地前行；

3. 以适度的目标开始，逐渐地增加练习的难度；

4. 坚持每天都做暴露练习；

5. 提出一个应对焦虑的计划，不要依赖寻求安全感的错误方法。

第一步：制订暴露练习计划

你可以先把恐惧的触发因素分成几个部分，然后把这些部分按照"最安全"到"最危险"的程度排序。先从"焦虑档案"第一部分列出的触发因素开始，但你也需要回顾其他工作表（工作表 2.2 和工作表 5.2）的内容，以尽可能全面地列出所有你想逃避的情境。如果你之前只是笼统地记录了一些触发因素，现在你需要把这些因素分成几

类，对每一类都要进行更详细的描述。比如你的焦虑涉及开车去陌生的地方，那么你的暴露治疗计划会涉及一系列开车到越来越远的地方的任务。至少列出 10 ～ 20 种令你感到（从轻微到强烈）焦虑的情境，这一点非常重要。工作表 7.3 是"暴露层次表"，在这份表格中记录你的暴露练习计划。确保你记录了足够的细节，知道在每一种情境里必须做什么才能令自己焦虑。记住，暴露练习的目标就是让你感到焦虑。

列出所有能触发焦虑（从轻微到剧烈）的情境、物体、生理感觉、思想或者记忆。尽可能详细地描述，这样你才能知道暴露练习中的焦虑是如何被引起的，以及如何给每一步练习的预期焦虑强度打分。

你是否觉得自己被威胁了？是否觉得无助？识别出这些夸大的想法，并用批判性的眼光去评估这些想法是对是错，然后用更合理的替换视角去看待问题，这是在暴露治疗期间控制焦虑的一大重要治疗手段。

如果你做练习时并没有感到焦虑，那么这个暴露练习就没有任何治疗效果。此外，根据你预期感受到的焦虑程度用 0 ～ 100 分制对每一个焦虑触发因素打分。

第二步：锚定焦虑想法

你在接触某些特定的焦虑触发因素时会想到什么？工作表 7.3 中有一列是专门用来记录这些焦虑想法的。如果你在暴露练习中感受到了威胁、危险和无助，那么切记要用批判性的眼光去看待这些想法。通过前几章的阅读，想必你已经认识到，这些想法正是令你在某些情

工作表 7.3　暴露层次表

日期：＿＿＿＿＿＿＿＿＿

提示：在一张白纸上，写下15～20种与你的焦虑问题（涉及轻微、中度、严重等各个程度）有关的情境、物体、生理感觉或者侵入性想法、想象。然后把这些经历按照轻度焦虑到严重焦虑的顺序排序，填到表格的第二列中。在第一列中，为每个经历的焦虑程度打分；在第二列中，描述一下你极力回避的焦虑触发因素；在第三列中，写下与每种情境有关的核心焦虑思想（如果你知道的话）。

	焦虑/回避的预期水平（0～100分制）	简要描述焦虑/回避的情境、物体、感觉或者侵入性思想/想象	焦虑的想法 这个情境中哪些恐怖、沮丧的方面令你焦虑或者想要逃避？
最少	1.		
	2.		
	3.		
	4.		
	5.		
	6.		
	7.		
	8.		
	9.		
	10.		
	11.		
	12.		
	13.		
	14.		
最多	15.		

资料来源：《焦虑症认知治疗》大卫·A.克拉克、亚伦·T.贝克 著，吉尔夫特出版社出版。

境中感到焦虑的"元凶"。那么，处理好这些焦虑的想法，你必将通过暴露练习大大改善自己的焦虑问题。

自助练习7.1
为焦虑思想制作"正常化卡片"

这个练习旨在帮助你用新视角看待那些避之唯恐不及的焦虑触发因素。在暴露练习中，你需要用到第六章学到的认知技巧（收集证据，做成本—效益分析，不再把"恐惧"视为"灾难"）来纠正与触发因素有关的焦虑思想。用一种更平衡、更能减少焦虑的视角替代原来的视角。在"正常化卡片"上或者电子设备里，记下这些替代视角。如果你的暴露练习计划中有 15 个焦虑触发因素，那么相应地，你就应该有15 张"正常化卡片"。这些"正常化卡片"可能与你在第六章完成的卡片非常相似（自助练习 6.8），不同之处在于，这些卡片要与暴露练习中的焦虑情境相对应。一旦你在暴露练习中产生了焦虑思想，这些卡片就会很有帮助。

辛西娅多年来一直为强烈的社交焦虑所扰。她制订了一个二十步的暴露练习计划，其中包括一系列会触发轻度到重度焦虑的社交情境。下面是她为轻度、中度、重度焦虑触发因素制作的"正常化卡片"：

情境：接电话。（焦虑强度：10/100）

"正常化卡片"：每当电话响起时，我都会感到有些焦虑，因为我不知道会发生什么事情。不过，有点儿不自在也没什么。即便感到焦虑，我还是可以对对方说"你好"，可以马上就知道打电话的是谁。如

果对方是我的朋友，那么我立刻就不焦虑了；如果是推销员，那我只要说声"不用了，谢谢"，然后挂断，就可以了；如果是医生预约之类的重要电话，那么接到总比错过强。

情境：参加公司的员工会议。（焦虑强度：65/100）

"正常化卡片"：参加员工会议会令我感到有些焦虑。我会觉得每个人都在盯着我看，会注意到我很不自在。但事实真的是这样吗？看看周围的人吧。他们真的对我有兴趣吗？他们是否有更重要的事情要做呢？除了我，屋子里面还有几个人看上去也不大舒服。有的人感到很无聊，甚至有一两个都快睡着了，睡觉可能更尴尬吧。人们可能更会注意到有趣的人，比如正在发言的人，或者昏昏欲睡的那位，而不会是我。我要推翻自己的想法，我不是注意力的焦点，没有任何客观证据支持这一点。

情境：跟老板说合作伙伴对自己的不公平对待。（焦虑强度：95/100）

"正常化卡片"：我能预感到自己会非常焦虑。即便是最自信的、口才最好的人，也没法轻易开口。然而，我再也没法容忍这种工作状况了。所以，即便非常焦虑，我还是要下定决心，努力解决问题，这样才能减轻工作的压力。我要把跟老板交涉的要点写下来，要跟她开诚布公地讲：我也不愿意抱怨自己的合作伙伴，但是我别无选择。然后告诉她发生了什么事情，以及这些事情对我造成了怎样严重的影响。到时候，就算会焦虑，我还是可以参考提前准备的笔记，通过老板的回答，看出来她是否理解我的处境。大部分人在这种情况下都会忧虑，只要他们能坚持做下去，事情还是能够顺利地解决的。那么我也可以。

第三步：从适合的层次开始，下定决心调整自己的节奏

逐渐推进暴露治疗的进程，掌握好节奏，这一点非常重要。你可以从工作表7.3"暴露层次表"的中间部分（中等焦虑程度）开始暴露练习。如果你从层次表的底层开始，那么你可能会在轻度焦虑的事件上浪费很多时间。但是如果起点太高，

暴露练习就像马拉松比赛：节奏就是一切！如果你选了一个中等焦虑程度的任务作为开始，但仍旧觉得压力太大，那么就重选一个轻松一点儿的任务并且坚持下去。如果暴露练习太容易，那么就稍微加大难度，选择一个难易适度又具有挑战性的任务。

你又可能会被强烈的焦虑感压得喘不过气。所以请记住，暴露练习的目标是触发适度的焦虑感，这样你就可以在反复练习之后感受到焦虑正在逐渐减轻。在这个过程中，你会认识到，情况并不危险，你也并非无助。

同时，坚持反复练习同一项任务，直到你在做这项任务时只有轻微的焦虑感。每次做暴露练习时，确保"正常化卡片"就在手边，然后大胆地挑战所有被夸大的威胁和无助感。例如，上文提到的辛西娅，她把"参加员工会议"作为暴露练习的第一个任务，因为这项任务会令她感到轻微焦虑。她下定决心尽量参加员工会议，并渐渐坐到屋子里的显眼位置。在另外一个例子中，卡尔非常害怕犯错，所以他每天都要花很多时间反复确保自己没有犯错。他的暴露练习是以直面自己的疑虑开始：自己的报告是否完全准确并且书写得体？是否真的

需要一再检查？琼患有急性焦虑症，一般情况下，她会尽量避开人群或公共场所。她的暴露练习以进入一家顾客很少、中等规模的服装店开始。

第四步：专注于实践、实践、再实践

成功的暴露练习就像锻炼身体：实践是关键！做得越多，结果就会越好。你应该每天都定下目标，完成几个暴露练习，尤其是在刚开始的时候。此外，确保每次暴露练习至少持续 30 分钟。暴露治疗失效的首要原因就是人们做的暴露练习太少，时间太短。实际上，偶尔进行的短暂暴露治疗会令你的焦虑更加严重，因为短暂的暴露练习（5 ~ 15 分钟）可能让你感到更压抑。错误的焦虑信念加剧，会让你更加坚信眼下的情况是非常有威胁性的。你也会更加相信自己在焦虑面前无能为力。你最终会不再重视"正常化卡片"上写的内容，并依然坚信：最好的策略还是逃避。

> **暴露练习的成功在于它的"剂量"。一遍一遍地做同样的暴露练习，每次至少半小时，直到你在做这个任务时只会感到轻微的不安。**

戴伦非常害怕过桥。他在接触桥梁方面做了大量暴露练习，现在正面临一项会触发严重焦虑的暴露任务。我们陪着戴伦一同过桥，打算到桥中间的人行道上去。当我们慢慢走向桥的时候，戴伦的焦虑水平迅速升高。然而，每走几步我们便会停下来，等他的焦虑水平降到可以控制的水平时，再继续向前走，然后再停下，等焦虑平缓下来。与此同时，戴伦向自己触碰危险时产生的焦虑想法和无法再容忍的这份焦虑感发起了挑战。最后，我们成功抵达桥上，整个练习过程花了45分钟到60分钟。我们在那里等了好一会儿，直到戴伦感到焦虑明显下降了才离开。这次的暴露练习在戴伦的治疗中至关重要，因为戴伦明白了，自己可以勇敢地走过桥。从此之后，戴伦开始挑战开车过桥，并且在短短两周之内就将焦虑感降到了最低水平。

第五步：制定应对策略

暴露练习的重点在于触发焦虑感，然后让它自然消退，所以你肯定会在暴露期间感到焦虑。备上一份随时可以参考的应对策略列表，它会帮你渡过难关。我们的目标是确保你能坚持待在暴露情境中，而不是逃避，或者试图寻求安全感而干扰焦虑的自然消退。

以下是几点建设性应对策略，你可以用这些方法应对焦虑，努力在暴露练习中坚持下来。

1. 调整焦虑思维。把暴露练习中的焦虑想法写下来，用在第六章学到的方法评估这些想法，然后用更加合理的、现实的想法替代焦虑的想法。记住，调整你对危险和无助的想法会降低你的焦虑水平。

2. 留意身体症状。把所有精力都集中于焦虑引起的特定生理症状上，如肌肉紧张、心悸、恶心或呼吸困难。不要去否认这些症状，而是要直面它们，接受它们，并且练习把它们视作正常的紧张性应激反应。

3. 找寻安全性的证据。仔细观察一下周遭的暴露情境，找出可以证明这个情境很安全的证据。其他人在这种情境下作何反应？这个情境的哪些特征表明它很安全，并不危险？

4．控制呼吸。有些人发现，专注于自己的呼吸会对缓解焦虑很有帮助。保持每分钟呼吸 8 ~ 12 次的频率，确保自己并没有过度呼吸，或者呼吸太浅。

5．学会放松。有些人在焦虑时觉得，放松身体或者冥想会让自己镇定下来。有的人却觉得，焦虑时放松肢体没什么效果，反而会令他们沮丧。你可以试一下这种方法，但是不要用它来逃避焦虑感。

6．想象控制感。在进入状态之前，或者开始练习之后，你可以设想一下，自己正慢慢地、成功地主导本次暴露任务。想象自己成功地进行着暴露练习，这样可以增强你对任务的信心和积极期待。

7．增加体力活动。有些人发现，身体活动在暴露练习的过程中非常有帮助。你可以在暴露情境中四处走一走，而不是只站着或坐着，多走路能令你的生理反应减轻一些。但是，不要用身体活动来逃避焦虑或应付暴露练习。

> 制定一系列应对措施，利用这些措施让自己坚持待在暴露状态中，直到焦虑感自然地消退。但是你要记住，这些应对措施的目的是使自己更能容忍焦虑，而不是将焦虑感完全消除。

如果出于某种原因，某个特别的应对策略急剧地降低了你的焦虑水平，那么就不要再用它了，因为你以后很可能用这种方法来逃避焦虑或寻求安全。请记住，暴露练习的重点是让焦虑自然地消退。我们会在后面的章节里教你如何摆脱寻求安全感的想法和行为。

进行暴露练习

既然你已经制订了详细的暴露练习计划，现在是时候将其付诸行动了。你可以用工作表 7.4 记录自己暴露练习的进展。开始之前，你可能需要回顾一下暴露练习计划的每个步骤。如果你正在接受治疗师的正规治疗，那么请与她 / 他聊一聊你的计划，并就如何实施达成一致。如果你并没有接受正规治疗，那也可以和亲朋好友聊一聊你的计划。他们是否觉得你的计划系统、合理？如果你的计划并没有按一种合乎逻辑的方式进行，那么调整一下不足之处，或者重新安排步骤。

表 7.1 是杰勒德针对自己害怕、逃避拥挤的公共场所这一问题制订的暴露练习计划。一定要注意暴露练习计划的等级性质。杰勒德选择"和妻子一起去杂货店"作为开始，因为这种情况令他感到中等程度的焦虑。他最突出的焦虑想法是"我会失控，会感到强烈的焦虑""人们会注意到我哪里不对劲儿，会想我是不是要发疯了""我的脑海里会闪现阿富汗的拥挤市场"。杰勒德注意到，每当他开始这样想的时候，他的焦虑感便会加剧，然后他就会想要避开眼下的情境，并且坚信自己需要在失控之前从焦虑中逃离出来。所以，杰勒德必须得专注于自己的"正常化卡片"（就算我感到焦虑了，我也仍然能够自控；没人看我，也没人对我感兴趣；即使我想起了阿富汗，这也并不能改变我已经安全回家了的事实，我现在正在家附近的杂货店里），

工作表 7.4　暴露练习表

日期：_____

　　提示：用本表记录你每天的暴露练习进程。一定要记录任务初始、中间和末尾的焦虑程度，以及你所完成的暴露任务的类型及其持续时间。

日期和时间	暴露任务	持续时间（分钟）	任务初始时焦虑程度（0~100分）	任务进行中焦虑程度（0~100分）	任务结束时焦虑程度（0~100分）

资料来源：《焦虑症认知治疗》大卫·A.克拉克、亚伦·T.贝克 著，吉尔夫特出版社出版。

让自己坚持待在杂货店里，让焦虑通过持续的暴露练习自然消退。

表7.1　杰勒德为恐惧和回避公共场所制订的暴露练习计划

排序（由轻至重）	暴露任务	焦虑等级（0~100分）
1	接电话	15
2	去街角的商店买一升牛奶	20
3	在银行排队等待	35
4	和妻子一起去杂货店	45
5	独自去杂货店	65
6	妻子购物时，在拥挤的商场中自己四处走走	70
7	在有服务员的餐厅里，坐在靠墙的桌子旁吃饭	75
8	在有服务员的餐厅里，坐在屋子中央的桌子旁吃饭	85
9	去参加一个居家派对，两小时以内不能离开	85
10	看一场满座的电影，必须让自己坐在一排的中央位置	90
11	忙碌的周六下午，在一家商场的美食广场吃饭	93
12	忙碌的周六下午，去沃尔玛购物，推着购物车去人最多的货道	95

自助练习 7.2

暴露练习

选择暴露练习计划中会令你感到中等焦虑的一个情境作为开始，每天都坚持暴露练习。用"暴露练习表"（工作表 7.4）记录每个暴露练习的结果。你应该在进行暴露练习时填完工作表 7.4，这样你能准确地知道，自己的焦虑发生了哪些变化。如果你正在接受治疗师的专业治疗，那么请在每次治疗前回顾一下练习表。或者，你可以给某位值得信赖的亲朋好友看看你的练习表，他们会督促你坚持进行暴露练习计划。

如果你已经重复某个暴露任务三四次了，每次任务结束时，你的焦虑水平都几乎减半（比如从最开始的 80/100 减到 40/100），那就代表在这个任务上你已经成功了，可以开始暴露层次表（工作表 7.3）的下一阶段的任务了。如果你在重复了三四次之后，焦虑程度仍然没有减少，甚至更严重了，那就换个更简单一些的暴露任务做吧。反复练习简单一些的任务，直到你能再次挑战较难的任务为止。

● 疑难解答小贴士

1985 年，贝克和埃默里在认知疗法的治疗手稿中提出了五步感知策略（AWARE）。这个方法对于处理暴露练习中焦虑水平升高的问题尤为有用。

1. 接受焦虑（Accept anxiety）。与其对抗焦虑，不如接受焦虑；将它视作暴露体验的一部分。

2. 观察焦虑（Watch your anxiety）。以一种客观的视角去观察焦虑症状。为自己经历的焦虑程度打分，然后观察焦虑水平的高低与浮动变化。把自己从焦虑中分离出来，以旁观者的角度审视焦虑。

3. 带着焦虑行动（Act with the anxiety）。将暴露情境正常化，表现得好像你并不焦虑一样。必要时你可以在不脱离焦虑情境的前提下，深呼吸几下，再继续练习。

4. 重复这几个步骤（Repeat the steps）。重复第一步到第三步，直到你的焦虑水平降至一个更轻缓的、可接受的水平。

5. 做最好的打算（Expect the best）。不要被焦虑感吓到，学会预想在暴露情境中所经历的焦虑感。不要认为焦虑总会被彻底战胜，而是要以增强自己容忍焦虑的能力为目标。这样你才能控制住焦虑，而不是让焦虑控制你。

给暴露练习"增压"

让暴露练习发挥更大效力的方法之一，是把练习转化成认知治疗师所谓的行为实验。行为实验是：

不要拖延——今天就开始你的暴露治疗计划吧！大多数焦虑症患者会觉得预想焦虑要比实际行动更令人焦虑。你应该知道，暴露任务并没有你想象中的那么难。

旨在收集证据以支持或反对与威胁、危险、个人脆弱性有关的焦虑信念，是一种结构高度严谨的计划性任务。

　　暴露训练纠正人们不当的恐惧思维，帮助人们重新认识到那些恐怖的情境其实非常安全。所以，我们相信，行为实验是增强暴露训练效果的一大有效方法。既然如此，为什么不调整一下暴露练习使其更直接地针对焦虑想法和信念呢？

　　行为实验会将证据收集技巧（第六章）和本章讨论的暴露练习结合起来。想要摆脱消极的预想和其他阻碍暴露练习的焦虑想法，行为实验是一个非常好的方式。比如杰勒德觉得，如果他试着到嘈杂的杂货店里去，他可能会被焦虑感淹没，可能会失控。而在收集一系列支持和反对这种想法的证据之后，杰勒德的治疗师指出，评估这个想法的最好办法就是到杂货店里去，待上至少半小时，然后记录下发生的事情。他的焦虑会来势汹汹吗？他会失控吗？杰勒德同意去做这项暴露作业，并且愿意记录整个过程。起初，他感到特别焦虑，但是30分钟之后，这种焦虑慢慢地下降到了轻度／中度水平。他发现，焦虑并没有压倒一切，他自己也并没有失控。他还获得了额外收获：似乎没有人注意他，也没人能洞悉他心中所想。这次经历为杰勒德提供了证据：现实生活经历表明，他严重高估了危险和无助的可能性和严重性（我的焦虑感会压倒生活中的一切，我会失去控制）。杰勒德能够用这一次经历对抗未来任何与击垮和失控有关的焦虑想法，例如"我记得，上个月我去了一家人很多的杂货店，我没有被焦虑压垮，也没有失控。那么，很显然，之前自己害怕的事情并不真实，也不现实"。

　　做暴露练习时，你可以同时使用工作表 7.5 和暴露练习表（工作表 7.4）。

工作表 7.5　**行为实验记录**

日期：＿＿＿＿＿＿＿

1. 这个暴露任务可能导致的最具威胁性、最糟糕的结果是什么？＿＿＿＿＿＿＿

2. 现实中更可能发生的结果是什么？＿＿＿＿＿＿＿

3. 这个暴露任务完成后，你期待得到什么样的正面效果和改善？＿＿＿＿＿＿＿

描述暴露任务	任务进行时，你是怎么想的、感受如何、做了什么？	结果——实际上发生了什么？

资料来源：《焦虑症认知治疗》大卫·A.克拉克、亚伦·T.贝克 著，吉尔夫特出版社出版。

自助练习 7.3

给暴露练习"增压"

开始暴露任务之前，在工作表 7.5 中写下自己认为暴露练习可能导致的最具威胁性的后果。然后写下你认为现实中最可能发生的结果，最后写一写对于本次暴露练习，你期待怎样的改善。完成暴露作业之后（将过程记录在工作表 7.4 中），再回过头来看看工作表 7.5，然后写几句话简要描述一下本次暴露练习：在整个过程中你都做了什么，结果怎么样？这次暴露练习的进展比你想象中的要更好还是更差？

要想让暴露练习发挥最大的效用，方法之一即是利用练习，对焦虑想法和信念进行行为测验——这也是一个收集证据的机会，可以推翻那些由核心恐惧催生出的关于威胁和无助的错误想法。

● **疑难解答小贴士**

暴露是一项艰苦的任务，很容易让人气馁。如果你正怀疑暴露也许不适合你，那么请你记住，大量研究表明，暴露也许是治疗焦虑的最有效、最快速的方法。下面列举了暴露治疗可能失败的一系列原因，请将你有同感的原因圈出来。

· 在暴露治疗期间，焦虑水平并没有下降。

· 在做某项暴露任务时，我的急性焦虑症比以往更严重。

- 暴露练习刚开始几分钟，我就感到极大的焦虑，所以不得不终止练习。

- 被预料到的焦虑感打垮。

- 只有在家人或朋友的陪同下，我才可能完成暴露任务。

- 做暴露任务之前，我服用了抗焦虑的药物。

- 只做了一小部分的暴露练习便放弃了。

- 在暴露练习期间，非常努力地保持镇定和放松，可还是失败了。

- 暴露任务完成后，什么焦虑感都没有了。

- 在完成暴露任务后的几小时之后，感到了严重的焦虑。

- 确信暴露练习太难了，可能会让我太紧张。

- 在做了暴露练习之后，感到沮丧和挫败。

- 在做暴露练习的时候，尽量分散自己的注意力。

- 在两次暴露练习之间，不想得到任何关于暴露情境的提示。

看看你都圈了哪几条，怎样才能确保同样的错误不会再次发生？在暴露练习计划中写一写你能做出的改变，以确保暴露练习计划更加成功。

卡罗尔非常担心自己生病，所以她会反复照镜子来检查自己脸色是否发红，问同事自己的气色如何。卡罗尔的核心恐惧（灾难化思维）是她可能会生病，然后呕吐。为此，她和治疗师一起制订了一份暴露练习计划，其中一项任务是让她穿毛衣去上班，这样她会感到很热，脸色发红，会不舒服。她需要抑制住自己想要照镜子看脸色的想法，也不能问同事自己是不是看上去像生病。进行了一周的练习后，她跟治疗师说，坚持暴露治疗令她感到多么的沮丧。她试过穿毛衣，可是在发热的 20 分钟之后，她感到了非常强烈的焦虑，觉得这样下去自己真的会生病，所以她就把毛衣脱了。后来，她又试过好几次穿着毛衣去上班，但是因为整个练习令她太过紧张，所以最后只得放弃。

卡罗尔和治疗师都觉得，她应该换一个焦虑程度轻一点儿的任务。治疗师强调，就她的情况而言，每天（持续 45 ～ 90 分钟）都坚持接触她害怕的事物，这一点非常重要。他们还发现，卡罗尔仍然非常不能容忍焦虑感的存在，也仍然对暴露有着很多误解（"我如果浑身发热、脸色潮红怎么办？这些是会令我生病的。""如果我太焦虑了，在工作中犯了急性焦虑症怎么办？""如果我的焦虑感在暴露练习之后变得愈发无法忍受了怎么办？"）。卡罗尔和治疗师一起对这些误解进行了评估，并且重新制作了强化版的"正常化卡片"，才令她能够应付那些破坏暴露练习的焦虑想法。

如果你的暴露练习还没有取得进展，请检查一下原因：

1. 你是否需要换一个焦虑程度轻一点儿的任务？如果你试过坚持完成整个暴露任务，可就是没法忍受这种强烈的焦虑感，那么你可能需要挑一个强度不是太高的任务。

2. 你需要进行持续时间更久的、更加频繁的暴露练习吗？大多数失败的暴露练习都是因为频率太低（每周只做一两次简单的暴露练习）。

3. 你是否在暴露练习中感受不到一点儿焦虑？这是完全不切实际的，也违背了暴露练习的初衷。你应该感到焦虑，然后让焦虑自然消退。所以，不要让自己感受不到焦虑，而是让自己完全投入暴露任务中去。

4. 暴露练习中的你，是否已经被焦虑思想完全击垮？再次把你的焦虑想法写下来，评估这些想法，然后用更加现实的替代性思维纠正它们。把你的暴露任务转变成"行为实验"，再用工作表 7.5 纠正消极的预想以及其他焦虑思想，不让它们破坏你为暴露练习所做的努力。

减少对安全感的依赖

在暴露练习中，你可能会产生减少或消除焦虑的想法和行为，对于这些，你需要多加注意。与逃避和回避一样，寻求安全感也是减少焦虑的一种尝试，但是这些控制焦虑的方法都是错误的。本质上，它们并没有保护我们远离危险。相反，这些无用的应对措施会令你更加夸大威胁和无助的错误想法，最终导致焦虑问题更加严重。你在暴露练习中用过哪些错误的应对策

> 投入到暴露治疗中，面对自己的恐惧，做到这些确实需要勇气。你需要找出自己的问题出在哪里，以此修改自己的暴露练习计划，然后再回到日常练习中去。

略，导致暴露练习没有发挥其应有的效果？在工作表 7.6 中记下来。回顾一下"焦虑档案"（工作表 5.9）的第三个部分，提醒自己，你应该锁定哪些寻求安全感的错误应对策略，然后做出改变。

当杰勒德开始公共场所的暴露任务之后，他能够识别出自己做出的那些寻求安全感的错误反应。起初，他害怕失控，害怕感到极度焦虑。购物的时候，他要妻子

> 想要将暴露练习的有效性最大化，就必须摆脱控制或消除焦虑感的想法。了解自己做的寻求安全感的错误反应，努力将它们从你的暴露练习中消灭掉。

工作表 7.6　　暴露治疗中寻求安全感的行为

提示：在本表格中，记下暴露任务中为了控制或减少焦虑而产生的想法或行为。在认识到这些无用的应对措施之后，在最后一栏里写一写，为了确保在下一次暴露任务时不重蹈覆辙，你可以做些什么。［回顾一下你在"焦虑档案"（工作表5.9）第三部分中写过的内容，会对完成此表有帮助。］

暴露任务	寻求安全感的错误行为	寻求安全感的错误想法	我怎样才能不再寻求安全感
1.			
2.			
3.			
4.			
5.			

资料来源：《焦虑与忧虑手册》大卫·A.克拉克、亚伦·T.贝克 著，吉尔夫特出版社出版。

一直在他身边，并且试图想一些开心的事情来分散自己的注意力。他不停地告诉自己"一切都会好起来的"，告诉自己必须努力抑制住焦虑感，这样他才能不失控，才能冷静下来。杰勒德了解到，这些事只会加剧暴露练习中的焦虑感和失控感。认识到自己"错误地寻求安全感"之后，杰勒德在后来的暴露练习中努力摆脱这些错误的方法。他最终做到了在不带药的情况下独自一人在购物中心待了很久，正视焦虑的感觉，而不是想着其他快乐的事情来分散注意力，他也不再想尽办法让自己冷静下来，而是顺其自然。暴露练习的效果因此大大改善，几周之后，杰勒德能够在拥挤的商店和商场里待上很久，也不会被焦虑感压垮。

● 疑难解答小贴士

改掉寻求安全感的思想和行为可能会很难，因为你多年来一直在用这些错误的方法减轻焦虑感。如果你最初的努力并没有使你成功，那么试着把速度再放慢一些。比如杰勒德起初做不到不带药出门，所以在去商店的暴露练习中，他先是把药留在车上，最终才做到把药留在家里。与此同时，你也要确认自己没有用另一种寻求安全感的反应替代这一个。卡罗尔不再问别人自己看着怎么样（一种寻求安全感的反应），但是她开始在网上查找症状（另一种寻求安全感的反应）。你需要记住的是，任何在短时间内显著减轻或消除焦虑的方法都会破坏暴露练习的治疗效果。

本章总结

1. 克服恐惧和焦虑的一大重要因素是勇气。在我们的生活中，总会有需要勇敢面对困境的时候。现在，是时候用内心的力量去克服焦虑问题了。

2. 暴露是一种对焦虑问题非常有效的心理治疗方法。但是许多患有焦虑症的人因为对接触恐惧误解太深，而拒绝参与到系统性的暴露计划中来。在放弃暴露治疗之前，识别、评估、重构这些错误信念，可以帮你重新回到治疗中来。

3. 在开始暴露任务之前，请务必制订一份完善的计划。在这份计划中，你需要把焦虑的触发因素按照从最轻到最重的顺序列成一份书面层次表。暴露练习需要采用一种系统的、循序渐进的方法，每次练习的时长逐渐加长。你应该识别并评估任何可能会破坏暴露效果的焦虑想法，然后准备一张"正常化卡片"，以提醒你在暴露任务中哪些应对策略是恰当的。

4. 用感知策略处理你的焦虑问题，尤其是在进行暴露任务期间。

5. 将练习转化成行为实验，纠正那些与暴露有关的焦虑思想和消极期待，暴露练习的效果会大大提升。

6. 如果暴露练习并没有显著减轻焦虑程度，那么你需要看看自己的暴露计划是不是出了问题。找到问题，做必要的调整，然后继续每天的暴露练习。

7. 错误的焦虑管理或寻求安全感的行为会破坏暴露练习的效果，甚至会加剧焦虑问题。所以，让自己远离寻求安全感（试图控制焦虑）的想法和行为，换一种更加适合的方法，这一点非常重要。

焦虑应对策略

第八章

　　为治疗焦虑做一份每周日程表。考虑清楚你需要治疗的是什么，在什么时候，什么地点以及治疗的时长。为了更好更快地改善焦虑问题，你需要切实执行自己的计划。

现在，你已经走上用认知疗法改善焦虑问题的新征程。和所有的旅程一样，你需要一个方案，一幅路线

制订一份针对焦虑问题的认知治疗计划，会让你更能集中精力投入攻克焦虑的行动中去。

图，指示你如何将前七章的技能付诸自己的焦虑经历。你可能听过诺曼·皮尔的一句名言："认真规划你的工作，并执行好这份规划。缺乏系统性，你会觉得手足无措。"这句话用在治疗焦虑上真是不能再贴切了。阅读到这一章，你已经了解了认知治疗的方法，以及各种可以对抗焦虑的方案。如果你已经在第六章和第七章中试着做了练习，却在做完之后很有挫败感，不知如何是好，那么你就要明白制订方案的重要性。在真正开始所有练习之前，你应该先有一个方案。本章节将教你如何建立认知治疗方案，以及干预治疗规划的实例，并且讨论你是否需要阅读后面的某一章或者全部章节。

你为什么需要计划

1.**确保正确的方向**。在第一章中（工作表1.1），你写下了想要在本书中达到的目标。治疗方案可以帮助你确定自己正在朝着这些目标努力。

2.**让你集中注意力**。你已经完成了第五章的"焦虑档案"（工作表5.9），在此基础上，把第六章和第七章的认知和行为技能应用到"焦虑档案"的各个部分中，这是十分重要的。一个良好的治疗方案可以帮助

你做到这一点。

　　3．推进一个系统的、有条理的治疗方案。如果你能把焦虑分成多个部分（就像你在"焦虑档案"中所做的那样），并且针对每一个部分系统地进行认知干预，这样的治疗效果是最好的。治疗方案可以帮助你更系统地改善焦虑问题，将疗效最大化。

　　4．持之以恒。为了在比赛中取得好成绩，运动员总是提前为日常训练和行程做好规划。因为体能锻炼是重中之重。同样的道理也适用于"精神健康训练"。认知治疗方案可以帮助你在战胜焦虑的道路上持之以恒，从而提高你对抗焦虑的"精神韧性"。

　　5．提供评估的平台。在第六章和第七章的众多方法中，找到最适合你的以及最不适合你的方案，这一点十分重要。基于你的"焦虑档案"，在治疗计划中把握好认知治疗工作的结构，可以帮助你更准确地评估治疗的进程，识别出焦虑问题中需要进一步改善的部分。

焦虑工作计划

　　运用工作表 8.1 建立你的"焦虑工作计划"。你可以参考"焦虑档案"（工作表 5.9），以及其他已经完成的工作表，作为构建工作计划的参考资料。请注意，工作表 8.1 是与"焦虑档案"相对应的，它同样有三个部分——情境和其他焦虑触发因素、对威胁的评估（自动产生的焦虑思维），以及对焦虑的处理方式（为了控制或减少焦虑做出的努力）。你应该从每个部分（触发因素、焦虑思维、处理方式）中各

工作表 8.1　**焦虑工作计划**

提示：在开始正式治疗焦虑之前，先完成表格的前三列，为练习制订计划。每当你完成了某个症状的治疗，就在最后一列写下你对这次治疗效果的评估。

目标焦虑症状	干预练习	自助日程	结果
第一部分：焦虑的触发因素（情境等）			
1.			
2.			
3.			

目标焦虑症状	干预练习	自助日程	结果
第二部分：对威胁的评估（焦虑思维）			
4.			
5.			
6.			

（续表）

目标焦虑症状	干预练习	自助日程	结果
第三部分：处理方式（回避、寻求安全感等）			
7.			
8.			
9.			
10.			

资料来源：《焦虑与忧虑手册》大卫·A.克拉克、亚伦·T.贝克 著，吉尔夫特出版社出版。

选择一个目标，并且针对这三个目标一起进行治疗。当你完成这些目标之后，便可以再进行一组（三个症状）治疗了。

例如安娜贝尔对于乘坐公共交通工具感到焦虑，尤其是地铁。她只要看到运行中的地铁就会焦虑，并且一有焦虑念头便想逃跑（回避的处理方式）。在她的"焦虑工作计划"中，她准备先走进一个地铁站，观察来回奔驰的地铁（情境触发因素），纠正自己的威胁性想法"万一这时我的急性焦虑症发作了怎么办"，并在逃跑之前克制住自己。顺利地减轻了地铁站里的焦虑之后，安娜贝尔进入工作计划的下一阶段，其中的一个任务是：让朋友在附近开车等她，自己乘坐一段地铁。

为了完成你的焦虑工作计划，请按照以下步骤进行。你需要复印多份工作表 8.1，因为你需要至少十份工作计划。

第一步：锚定焦虑症状

工作表 8.1 分为三个部分，首先完成每个部分的第一列。根据你的"焦虑档案"，在这一列的每一格中写下焦虑的特征。先填写"焦虑档案"第一部分记录的焦虑触发因素：所有情境、想法以及生理感受。例如你列出了五种触发焦虑的情境（比如：见陌生人、乘坐电梯或者飞机、感觉闷热、对财务问题感到烦恼、在会议上发言），那么你需要把这五条写在第一部分的第一列里。接着在第二部分的第一列中，写下任何让你特别苦恼，甚至害怕的生理感受（例如心悸、呼吸困难）。你可以在"焦虑档案"第二部分中的"对生理感受的评估"里找到相对应的答案。

在第二部分中，你还需要列出关于威胁、危险、糟糕结果或者灾难自动产生的想法，这一点很重要，因为这些想法是你焦虑时的主要想法。你可能有 3 ~ 4 种主要的焦虑想法，将它们分别记录下来。比如你的自发焦虑想法是"要是人们注意到我很焦虑，觉得我有精神病怎么办""要是胸痛真的说明我有心脏病怎么办""我的孩子要是在保姆照顾的时候受了重伤怎么办"，你就应该在第一列的不同空格中写下这三种想法。接下来，写下你在感到焦虑时会犯的典型的认知错误（视野狭隘、"全或无"思维、妄自断定，等等）。这些可以写在一个空格中，因为你想要同时纠正这些思维错误。此外，"焦虑档案"第二部分的最后一行是关于焦虑的错误信念的。你可以借鉴之前的内容，在工作计划的第二部分里写下所有错误信念。同样，每一个信念，例如"我没法摆脱焦虑感了，因为它已经发展成为急性焦虑症"，或者"如果我没法控制好忧虑，它就要把我逼疯了"，都应该分别记录在单独的空格中。

> 把你的焦虑症状分成几个部分——特定的触发因素、关于威胁和危险的焦虑想法以及处理方式——这是不可或缺的一步，因为它可以让你准确地定位需要改变的目标，以减少自己的焦虑。

在工作表的第三部分里，根据"焦虑档案"的内容，写下你试图对抗焦虑的所有方法。和前面一样，分别写下无助性思维、任何为了避免焦虑情境而做的额外行动、为了寻求安全感而采取的措施、其他控制焦虑的策略以及你对与焦虑或其他问题感到担心的所有日常。总的来说，你可能会列出 15 ~ 20 种焦虑状况，来作为你的"焦虑工作计划"的目标。

第二步：列出干预练习

在工作表的第二列，针对第一列的焦虑症状，挑选并写下一些第六章和第七章介绍的干预治疗方法。对于每个症状，你可能要用两到三个练习进行干预。收集证据和暴露治疗等练习对于表格第一列的很多症状都是十分有效的，因此，即便你用同一种练习针对不同症状，也无须担心。因为篇幅限制，所以需要在工作表 8.1 中写下章节标题、自助练习的编号以及对不同症状使用的干预练习页码。你也需要重新回顾第六章和第七章的工作表，以慎重决定针对每个症状采用哪种干预方法。

汉娜对于自己与朋友的关系十分焦虑，总是怕别人不喜欢自己。她经常在社交场合感到焦虑，哪怕只是和朋友一起吃中饭之类的小事。见面之后，她会担心自己是不是说了什么冒犯朋友的话。汉娜在自己的"焦虑工作计划"上写下一个焦虑的原因："和好朋友一起吃中饭。"在第二部分的第一列中，她写下了自己在这个情境中的生理感受："胃里翻滚得厉害，想吐。"她自己的解释是："我一定说了什么不对的话。"在第三部分的处理方式部分，汉娜写下当时的无助想法："聊天的时候，我说话怎么都不过脑子呢？我真是太蠢了。"对于焦虑，她的主要处理方式是忧虑——她在脑海中一遍一遍地回放和朋友的对话，并且想着自己是不是说了什么粗鲁或者有攻击性的话。

对于这个焦虑情境的干预方式，汉娜在第二列写下了，她会准备一份暴露练习计划、一张应用于社交场合的"正常化卡片"，以及一

个可以应对焦虑发作的处理方式，并规划正常的社交行程（自助练习
7.1 和自助练习 7.2）。对于她的核心焦虑——"我冒犯了朋友，她不
想再跟我做朋友了"，以及无助想法——"聊天的时候，我说话怎么都
不过脑子呢？我真是太蠢了"，她决定采用收集证据（练习 6.3）、纠
正认知上的错误（练习 6.6）、不再把恐惧当作灾难（练习 6.5）、学会
从其他视角看待问题（练习 6.7）等自己认为有效的方法。同时，她
也清醒地了解到，自己太过在意别人的看法，这是一个长期存在的问
题，因此她决定，利用第十一章——为忧虑设计的针对性治疗——来
改善自己这部分的焦虑问题。

汉娜认识到，她需要制订一个更加细致的"焦虑工作计划"，在
如何执行各项干预练习上扩充更多细节。举个例子来讲，对于自己的
焦虑想法"我冒犯了朋友，她不想再跟我做朋友了"，她会真的去收
集支持或反对的证据吗？汉娜决定，她要写下过去几个月与人们的
交流情况，并且评估聊天导致的后果（例如"这个人是不是之后就不愿意跟我聊天了"）。同样，她要写下自己多少次被告知冒犯了别人。她也可以询问自己的好朋友

> 规划治疗计划，需要你了解如何对每个焦虑症状各个击破。运用你在第六章和第七章所学的认知和行为治疗方法，它们能减少焦虑，是认知治疗的有效工具。

与家人，了解他们是否觉得被自己伤害了。在之后的两个星期里，汉
娜会更加关注自己与别人谈话的结果。如汉娜一样，你需要不断改进
自己的"焦虑工作计划"，逐渐扩展自己的干预治疗计划。重新回顾
第六章和第七章的相关内容会帮你更好地制订自己的干预计划。

第三步：制作自助练习的日程

在"焦虑工作计划"的第三列中，写下每个干预治疗的时间安排，尽量把时间表写得详细一点儿——注明什么时候、在哪儿、花多长时间来做这个干预练习。如果你需要复习自助练习的最佳方法，请回顾第四章的内容。你甚至可以把干预练习的安排记录在日程上。举个例子，汉娜认为茶歇和午休时间正是治疗焦虑的好时候。她决定，每天至少找别人聊一次天，并且每次都至少持续 5 分钟。如果你实在太忙了，困扰着如何能忙里偷闲进行焦虑治疗，那么请灵活地安排时间。请记住，你在治疗焦虑上花的时间越多，治疗的效果就会越好，康复得更快。拖延和忽略是治疗焦虑的天敌。

为治疗焦虑做一份每周日程表。考虑清楚你需要治疗的是什么，在什么时候，什么地点，以及治疗的时长。为了更好更快地改善焦虑问题，你需要切实执行自己的计划。

第四步：记录结果

你可以在工作表 8.1 的最后一列中写下每个干预练习的效果。你有没有觉得自己的焦虑程度减轻了？这个干预练习比你想象的要更难还是更简单？在练习过程

每周结束后，评估一下自己的干预练习是否取得了满意的效果。这样你才能知道，在你的认知治疗项目中，什么对你有效，什么需要做出调整。

中，你是否觉得有什么方法对减轻焦虑特别有效？你是否需要更多练习来治疗这个焦虑症状，或者你是不是可以进行下一个焦虑症状的治疗了？

在上文的例子中，汉娜发现，收集证据和不再把恐惧视为灾难，对于纠正自己的焦虑想法"我冒犯了朋友，她不想再跟我做朋友了"尤为有效。她做了一个"正常化卡片"提醒自己：你不可能了解别人对自己的真实看法。你怎么能知道自己说的话是稍微还是非常冒犯别人呢？再者说，你真的有必要知道这些吗？如果一个人对你很友善，那么言语上一点儿无意的冒犯是无所谓的，并不会影响这个人跟你的友情。汉娜认为，这个干预方法可以有效地减少自己对于冒犯别人的焦虑。如果你每周都花了几天的时间对某一个焦虑症状进行练习和治疗，那么在一周结束之前，请务必填完"焦虑工作计划"的结果一栏。

贝丝的"焦虑工作计划"

我们在第五章介绍过贝丝的情况，你已经知道她是如何填写自己的"焦虑档案"的。贝丝的"焦虑工作计划"会给你提供一份实例。（因为篇幅限制，我们无法提供完整的工作表。）

注意，贝丝的"焦虑工作计划"是以她的"焦虑档案"为基础的，你也同样需要自己的"焦虑档案"。同时，请注意，贝丝会把一些干预练习重复安排在不同症状的治疗中。你会发现，一些练习（例

贝丝的焦虑治疗计划

目标焦虑症状	干预练习	自助日程	结果
第一部分：焦虑的触发因素（情境等）			
1.独自到超市，并且遇到了邻居	做暴露练习计划，以及"正常化卡片"（练习7.1和练习7.2）	先去一个比较远的超市，每周至少两次，然后在每周的人流高峰期，到附近的超市，至少3次，每次停留的时间至少20分钟。持续进行两周	已经完成；现在去附近的杂货店只是中等焦虑，暴露练习的疗效十分明显
2.打电话给好几个月都没联系过的老朋友	制订暴露练习计划，以及"正常化卡片"（练习7.1和练习7.2）	先发封邮件给朋友，问问什么时候方便打电话，接着，在本周结束之前打电话。至少聊10分钟	正在进行
3.收到邮件，被告知我要在周末的员工会议上发言	进行忧虑问题的干预治疗（第十一章）	在接下来的4天里，晚餐后，我要至少花半个小时来纠正自己对开会的忧虑。如果哪天忧虑再次袭来，我会做好准备，在晚上的同一时间治疗忧虑	已做好计划

（续表）

目标焦虑症状	干预练习	自助日程	结果
第二部分：对威胁的评估（焦虑想法）			
4.我感到燥热出汗；大家会注意到我很焦虑（生理评估）	监控思想（练习6.2），收集证据（练习6.3），做成本—效益分析（练习6.4），学会从其他视角看待事物（练习6.7）	在一天中，和同事至少有两次对话，和收银员至少说一次话；试着把自己的焦虑展现出来；晚上，记录下焦虑想法，然后在半小时内完成工作表	已经完成；不再这么认为了；这种想法只是偶尔出现
5.人们会看到我在出汗，因此会讨厌我（自发出现的威胁性想法）	收集证据（练习6.3），不再把恐惧视为灾难（练习6.5），将焦虑正常化（练习6.8），以及行为实验（工作表7.5）	在下次员工会议上穿毛衣，并且靠着暖气片坐。记录是否有人注意到我很热，告诉某个人说我很热。晚上，完成与之相关的焦虑想法的工作表	正在进行
6.要是我在人群中焦虑了，我会更容易感到尴尬（焦虑信念）	用想法监测（练习6.2），收集证据（练习6.3），做成本—效益分析（练习6.4），学会从其他视角看待事物（练习6.7），以及做行为实验（工作表7.5）	每周至少三次：和陌生人谈话，在会议上发言，打电话。在这些活动中，记录证明自己陷入尴尬的证据。在这次作业之后的一小时内，运用工作表来纠正焦虑思维	已做好计划
7.把出汗这件事想得特别严重，情绪化推论，妄自断定（思维错误）	监控思想（练习6.2），纠正认知上的错误（练习6.6）	每次做练习时，我都要非常注意自己哪里想错了	正在进行

（续表）

目标焦虑症状	干预练习	自助日程	结果
第三部分：处理方式（回避、寻求安全感等）			
8.我在社交场合会很尴尬，总是表现得十分不友好（无助信念）	做正常化表格（练习6.8和练习7.1），以及接着对社交互动进行暴露练习（练习7.2）	这周开始，至少跟别人聊天3次，其中，至少一次是跟陌生人；评估我在社交活动上的表现；为糟糕的表现收集支持和反对的证据	已经完成；非常成功。尽管有时候还是会感到焦虑，但是对自己的口才已经非常有信心了
9.尽可能地避免任何社交聚会（回避）	不断参与，一步步深入进行与社交互动有关的暴露练习（练习7.2）	每天，必须从我的暴露层次表中至少选择和进行一项训练（工作表7.3）	正在进行；已经完成了轻度焦虑范围内的任务
10.总是带着抗焦虑药，每次参加社交活动都会吃一片（寻求安全感）	逐渐减少服用抗焦虑药的频率，并且把药放在自己触碰不到的地方（工作表7.6）	下周，把抗焦虑药放在办公室的抽屉里，而不是随身带着	正在进行；把抗焦虑药放在车里、抽屉里或者家里的药物柜里。离我完全停止服用药物还要一段时间
11.要是我最终会孤独到老，一个朋友都没有，那我该怎么办？没有人想和一个只关注自我、不懂变通的女人在一起吧（焦虑和担心）	按照相关章节介绍的方法，进行忧虑练习	我会安排每周三次的忧虑暴露练习，每次半小时，并且进行针对忧虑的认知技能练习	已做好计划

如暴露或者行为实验的练习）针对的是某种焦虑触发因素、某些形式的焦虑思维以及某种处理反应（例如回避或者避开）。事实上，这些练习可以治疗焦虑中的多种元素，可能比其他练习更为有效。

现在，你已经完成了自己的"焦虑治疗计划"，是时候开始正式治疗了。用第六章和第七章中的工作表，辅助干预治疗任务的进行。同时，回顾你在第一至五章完成的工作，告诉自己为了减少焦虑，哪些情境、想法以及行为需要改变。

认知治疗的特别形式

你已经在本书的前 8 章中了解到认知治疗的基本方法，我们所探讨的应对方法对大部分焦虑症来说都是有效的。但是在过去 20 年中，我们越发认识到，焦虑症可能会有各种各样的形式，尤其是急性焦虑症、社交恐惧症以及忧虑。针对这些焦虑形式的独有特征，认知治疗也需要衍生出特殊的形式。在本书最后的 3 章中，你会学到认知治疗的特殊类型。

如果你的急性焦虑症、社交恐惧症或者忧虑问题特别严重或者已经持续很久，那么这些特殊认知治疗方法可能会帮你终结这些问题。有时候，即使人们完全按照标准做认知治疗练习，他们也仍然会害怕恐慌的发作，在人群中仍然感到强烈的焦虑，或者仍患有慢性忧虑症。如果已经在焦虑中挣扎了多年，情况更会如此。本书最后 3 章的所有内容都基于你到目前为止学到的知识和方法。我们已经针对急性焦虑症、社交恐惧症以及忧虑的特殊性，对某些干预练习做出了改变。因此，你已经完成的工作对于学习这些特殊章节是至关重要的。

维持治疗成果

恐惧和焦虑总是会故态复萌，回环往复。即使你已经通过阅读本书得到了极大进步，并且也已经达成了工作表1.1上的很多目标，但焦虑仍然会卷土重来。我们一直在强调，恐惧和焦虑是正常生活的一部分。但是，一旦焦虑的程度超过了正常线，它便会一再地恶化。因此，你需要做好随时可能重回焦虑，重新病态地思考、行动及感受的准备。

维持治疗成果的最佳方式，就是了解焦虑即将失控的信号：

● 慢慢出现逃避反应，你开始回避一些令过去的你焦虑的因素；

● 更加难以忍受焦虑，更容易因为焦虑而烦恼，并且开始做一些事情来减轻焦虑的感受和症状；

● 更加忧虑，开始思考焦虑问题，并且越发担心自己会变得焦虑；

● 认为威胁和灾难会再次发生，脑海里自动冒出一些与危险、灾难以及最坏情况有关的想法，而且自己慢慢地接受了这些想法；

● 寻求安全感的需求增加，你开始服用抗焦虑药物或者采取其他措施，希望自己能控制住焦虑感；

● 焦虑对你的生活造成更多干扰，你可能会感到更加抑郁，或者更加急躁。焦虑正在慢慢回到你的生活，降低你的生活质量。

有两种方法可以对抗恐惧，避免重蹈覆辙。首先，你可以重新回顾本书。看看你的工作表，把重点练习重新做一遍，再对焦虑进行干预。你可能会发现，这些做过的练习会再次帮你缓解焦虑。事实上，我们发现，这些干预练习在第二次或者第三次应用时会奏效更快。你会发现，在第二次治疗时，你投入的精力和时间更少。

了解焦虑重新袭来的信号，当你感应到它时，不要仅仅依靠重新做一遍焦虑计划或之前曾经有效的练习，也要考虑是否需要去寻求专业医师的帮助。

此外，你会从与治疗师协同治疗的过程中获益。随着治疗的深入，很多人发现，只凭自己看书的话，治疗有一定的局限性，大多数人需要治疗师的专业指导和意见来进一步治疗。如果你正在接受治疗，本书的内容会让你的治疗效果更加显著。怎么判断你是否需要专业的治疗呢？这个问题是没有什么魔法或定理可以解决的，所以让我们简单一点儿。如果第一次使用本书后，你对自己的进步感到满意，那么再回顾一遍，细细品读。如果你不是完全满意，那就请咨询一下专业的治疗师。

本章总结

◇◇

1. 做好认知治疗工作计划，可以帮助你把注意力集中在需要改变的地方，以克服情绪转变时会产生的焦虑和手足无措。

2. 花一些时间在构建"焦虑工作计划"上，强化本书讨论的干预治疗方法的效力。

3. 利用工作表 8.1 制订"焦虑工作计划"时，请特别注意你自己的焦虑体验。这份工作计划和"焦虑档案"（工作表 5.9）的组织方式很相似，因此，可以同时运用两者来规划你的认知治疗项目。

4. 在进行干预治疗的任何时刻，你都应该注意以下三点要素：情境等触发因素、焦虑想法以及应对反应。运用工作表 8.1，针对焦虑症状、应用在该症状上的干预练习、进程表以及你取得的成果，进行具体描述。

5. 第九到十一章所讲的特殊认知治疗，对于持续很久的严重问题（与急性焦虑症、社交恐惧症或者忧虑相关）而言是十分有效的。

6. 对恐惧和焦虑的反弹做好心理准备。本书中所讲的认知和行为疗法能一直有效地应用在焦虑问题的反弹上。同时，也请考虑好，你是否需要治疗师专业的指导。

战胜恐慌与逃避

第九章

认知治疗可以增强对危险发生的可能性和严重性的预估能力，这样你可以纠正自己的灾难化思维倾向，并且学会停止恐慌的恶性循环。

如果你的情况符合下面一条或几条，那么本章节的内容会与你息息相关：

● 你已经完成了第八章的焦虑治疗计划，但是焦虑问题并没有得到改善，你仍然有严重的急性焦虑症。

● 你已经通过第一至八章的学习大大减轻了自己的焦虑问题，但是你还是会因为害怕急性焦虑症发作，而逃避某些情境或者试图控制焦虑。

● 尽管已经有了些许进步，但是你仍然十分关注焦虑症的生理症状；在某些场合，你特别担心自己会不会过于紧张。

● 在完成第一至八章的阅读和练习后，你觉得自己身上又出现了急性焦虑症的症状，并且特别害怕自己会恐慌。

露西亚，35岁，她在父亲突发心脏病的六个月后第一次经历了急性焦虑症的发作。父亲的心脏病发作令整个家庭措手不及——他之前并没有任何可能罹患心脏病的征兆，他的身体状况非常好，也一直坚持运动。露西亚和父母住得很近，在父亲生病期间，她抽出大量时间照顾父亲，甚至快没有时间照看自己的三个孩子了。直到父亲康复，可以上班了，她才解脱出来。有一天，她去上班，却经历了"一生中最糟糕的一天"。这一天，她十分忙碌、紧张，有很多工作要马上完成，但是又有很多事情干扰她，令她无法继续工作。

忙碌中，露西亚突然感到胸口一阵剧烈的疼痛，心跳加速，她感到闷热、面色潮红、呼吸困难。她解开领口的扣子试图放松自己，却发现自己的手止不住地颤抖，想从椅子上站起来，却感到非常虚弱。

她四肢无力，双腿发软，差点儿就要跪下去了，还好抓住了桌角才没有摔倒。她感到眩晕、头脑混乱，连东西南北都分不清了。此时此刻，她的脑海里充斥的全是父亲的心脏病。自己是不是也在经历一样的事情？心里有一种声音在说："我是不是也要心脏病发作了？"没一会儿，这些症状开始有所减缓，但是露西亚感觉自己挣扎了很久。

最后，露西亚勉强走到了卫生间，用冷水洗了洗脸。但是，她仍然有窒息感，感觉胸口闷闷的。她回到自己的位子上，还是十分忧虑，根本无法好好工作。她跟主管说自己不舒服，请了假，然后很早就下班了。露西亚没有直接回家，而是开车去了家附近的医院，做了一系列检查，但是检查结果都不能解释自己的那些症状。所以，急诊室医生认为，露西亚得的是急性焦虑症。她给露西亚开了一些抗焦虑药，并且让她去看一下家庭医生。

这已经是三年前的事情了。自那之后，露西亚的生活发生了天翻地覆的变化。现在的她，一直在忍受着焦虑的痛苦，担心急性焦虑症会再次发作。曾经那个精力充沛、很有能力的妻子、母亲与员工，已经变了太多，现在的她把自己限制在工作和家庭中，除此以外什么活动都不参加。她拒绝离开自己生活的城市，不去公共场合，无法过桥，晚上不敢一个人待着。她完全被自己的生理状况所控制，十分害怕和担心自己是不是就要疯了。露西亚尝试过许多种药，但是似乎只有镇静剂能起一点儿效果。可即使是这样，她也只能冷静几个小时而已。她已经很久都无法安然入睡了。

露西亚除了家和公司，哪里都不去，她的丈夫已经无法忍受了。他们的争吵加剧了她的抑郁和气馁，让她更加无法摆脱焦虑。几个星期之后，在一次特别严重的争吵中，她甚至想着，如果她自杀了，这个家是不是会好起来。第二天，在家庭医生的常规检查中，露西亚透露了这个想法。随后，医生为露西亚介绍了一位治疗师，因为她需要进行急性焦虑症和陌生环境恐慌症的治疗。

露西亚已经想好了，只要能痊愈，她愿意做任何事情。这三年来，她感觉自己已经成为急性焦虑症的人质，迫不及待想要解放。你可能也有和露西亚一样的感受，尤其是当你完成了前面章节的认知治疗练习，却因为害怕急性焦虑症的反复，而仍然避开生活中的很多事情。本章会告诉你，如何根据自己的具体情况，对前几章所学的干预治疗练习做些调整，以着重改善你自己的恐慌问题。与第五章的"焦虑档案"一样，你需要在本章制订自己的"恐慌档案"。然后，我们会告诉你：（1）如何根据自己的情况改进第六章的自助练习6.5——"不再把恐惧视为灾难"，以大幅度减少急性焦虑症发作的频率，也减轻你对恐慌的恐惧；（2）如何通过暴露练习减少逃避行为和恐慌发作。

急性焦虑症的发作："焦虑海啸"

如果你想从干预练习中获益，减少恐慌发作，那么很重要的一点是保证你针对的是恐慌，而不是其他问题。如果你已经发作过急性焦虑症，那么你可能永远无法忘记这种经历。或许，你在有些紧张，甚至很平静的时候，突然地就被严重焦虑的浪潮席卷。我们所称的"无意识的急性焦虑症"，就像是"焦虑海啸"一样，毫无预兆地扑面而来。急性焦虑症（或者恐慌症）的定义为：

在一定的周期或者时间内，强烈的恐惧或者不适感突然产生，并迅速严重化，伴随着产生一系列生理感受和引起恐惧的认知行为症状。典型的急性焦虑症周期为 5 ～ 20 分钟。

根据美国精神病学会的《精神疾病诊断与统计手册》（第四版修订版），一次完全发作的急性焦虑症在短时间内会令人产生严重的恐惧或者不适感，并且情况会（最多在 10 分钟内）急剧恶化，其包含了以下症状中的四种或者更多状况：

- 心悸、心跳加速；
- 出汗；
- 身体发抖、颤动；
- 呼吸困难、喘不过气；
- 窒息感；
- 胸口疼痛或者不适；
- 恶心或者腹部不适；
- 感到眩晕、站不住、头昏眼花；
- 现实感丧失（感到不真实）或者人格丧失（从自己身体中分离出来）；
- 害怕失去控制或者发疯；

●感觉异常（身体感到麻木或者刺痛）；

●感到寒冷或者面色潮红。*

你熟悉这些症状吗？如果突如其来的急性焦虑症至少发作了两次，并且伴有以上这些症状，那么你应该是患有惊恐障碍了。但是急性焦虑症也会伴随其他形式的焦虑障碍产生，因此，你无须了解具体的惊恐障碍的诊断特征，而只需要关注急性焦虑症本身即可。

恐慌的四个重要特征

你应该了解恐慌的四个特征，这对于急性焦虑症和惊恐障碍的干预治疗非常重要。

1. 引发恐慌的特定情境

有趣的是，尽管惊恐障碍的诊断标准之一是急性焦虑症"意外"发作至少两次，但大多数急性焦虑症患者很清楚地知道，恐慌是被某些特定情境触发的（例如在公共场合、在社交场合、独自一个人、在众人面前表演，等等）。事实上，对于急性焦虑症发作的人来说，他们能够迅速知道是什么触发了急性焦虑症，然后马上避开这些情境。在上述的例子里，露西亚非常清楚，陌生的场合会加重自己的焦虑问题，并且会增大急性焦虑症发作的风险，因此，她才会越来越把自己限制在家里和工作场合之中。

---

* 美国精神医学学会《精神疾病诊断与统计手册》第四版修订版，2000 年，北京大学出版社。

哪些情境可能会触发你的急性焦虑症，令你产生恐惧呢？由于害怕恐慌发作，你多久才会去这些地方一次？在下面的空白横线上，列出你所害怕的、最可能触发急性焦虑症的情境。然后在每一个情境描述的后面，写下你是否总是或偶尔回避这些情境。

1. _____

2. _____

3. _____

4. _____

5. _____

2.恐慌令你更加关注生理症状

因为害怕急性焦虑症发作，被恐慌折磨的人不仅会回避某些情境，而且会把很多注意力放在恐慌的生理感受上。他们会时不时地检查身体，看是否有不明原因的生理症状产生。因为害怕得心脏病，露西亚满脑子都是胸口的疼痛感，还有紧张感和压力感。她甚至开始每隔几天便测量一次血压，来确保自己并没有心悸。她表现得就好像已经对自己的心血管系统健康完全失去了信心，非常害怕心脏会出问题，担心心跳会变得不规律。

你最害怕哪些生理症状？ 你想监测哪些可能是急性焦虑症发作信号的生理感受？写下 2 ~ 3 种你最关心的、可能是急性焦虑症发作信号的生理感受：

1. _____

2. _____

3. _____

3. 灾难化思维是恐慌的核心

对于那些被急性焦虑症反复折磨的人而言，恐慌即是灾难！在惊恐性障碍中，几类最典型的灾难化思维如下：

● 害怕死于心脏病、窒息、脑瘤之类的病症。

● 害怕失去控制、"发疯"或者做令自己极度尴尬的事情。

● 害怕急性焦虑症会发作得更加频繁、严重并且失去控制。

这些想法并不意味着，你一定会觉得自己可能得心脏病或者马上就要疯了。灾难化思维往往自动产生，并且以问题的形式呈现，例如"要是这种呼吸不畅的感觉越来越强烈，然后我就没法呼吸了，那可怎么办呢？"此外，灾难化思维一般是与某种具体的生理感受相关的，例如胸部的紧迫感与心脏病，恶心感与呕吐不停，眩晕、头重脚轻与失控、发疯。认知治疗对于恐慌的核心关注点，便是将生理感受错误地灾难化，并将其视作急性焦虑症的核心问题。露西亚把胸部压迫感、心悸和自己的急性焦虑症联系在了一起。每当她觉得胸闷，又无法解释原因时，她便会自动认为："我的胸口是不是有什么问题了？不对劲啊。我是不是太紧张或者焦虑了？这是不是造成胸口发闷的原因呢？我怎么知道自己是不是得了心脏病？要是因为这个，我在这么多人面前急性焦虑症发作，那该怎么办？"

> 　　与恐慌有关的生理感受突然来袭时，你最害怕的糟糕结果（灾难）是什么？写下你在感到恐慌时，脑海中最常冒出来的灾难化的错误解释（最坏的可能结果）。
>
> _____
>
> _____

4. 控制恐慌的行为占据了生活

　　人们过于畏惧急性焦虑症，因此通常会采取特别的方法来防止它发作。他们拼命地让自己感到安全和舒适，认为这是对抗恐慌的最佳策略。于是，逃跑、回避、寻求安全感和控制焦虑的行为开始侵占他们的生活。在上文的例子中，露西亚不仅远离所有令她焦虑的地方（只有丈夫相陪，她才勉强肯去某些地方），而且随身带着抗焦虑药以备不时之需。第三章列举了寻求安全感的典型认知和行为策略，工作表 5.6 和工作表 5.7 对它们进行了详细检验。在第五章"焦虑档案"的第三部分（工作表 5.9）中，你也记过自己处理焦虑的方式。如果你想提醒自己一般是如何避开恐慌的触发因素的，那么在填写以下表格之前，请先回顾一下之前的章节。

> 　　因为害怕急性焦虑症发作，你采取过什么措施去避免焦虑感进一步增强 / 将焦虑恶化的可能性最小化？
>
> 1. _____
>
> 2. _____
>
> 3. _____
>
> 4. _____

是否已做好准备应对恐慌

全世界有 13% 到 33% 的人在过去的一年中经历了至少一次急性焦虑症发作。但是，你是否需要通读本章内容来改善自己的恐慌问题，也许要看它对你的生活造成了多严重的影响。先看看工作表 9.1 中列出的各个症状，然后再来决定自己所经历的急性焦虑症是否属于临床性问题。这份清单并非用来诊断恐慌一类的精神障碍，但它可以帮助你估计恐慌问题的严重程度，再决定是否需要进一步的行动。

> 恐慌是否妨碍了你，降低了你的生活质量，阻碍了你重要生活目标的实现呢？你是否已经做好准备，用其他方式来对付恐慌问题呢？认知治疗教给你能够更有效地处理恐慌的工具，停止恐慌对你的"控制"。

急性焦虑症的表现形式不同，严重程度也各不相同。很多患有恐慌类障碍的人会因急性焦虑症发作在半夜突然醒来（称为夜间急性焦虑症）。大多数人在恐慌发作时只会频繁地呈现一到两种生理症状，但是他们仍然会感到极大的恐慌，并做出严重的逃避行为。本章的认知疗法对这些不同形式的恐慌都十分有帮助。我们的目标是把恐慌正常化——减少频率、减轻严重程度、缩短持续时间，让急性焦虑症不再主导你的生活，令症状减轻至只是偶尔发作的"非临床性"急性焦虑症。

工作表 9.1 恐慌症状自查表

提示：阅读以下症状，仔细思考，恐慌发作时的你是否也有类似的症状。如果你对大部分陈述的回答为"是"，那么你很有可能患有临床性急性焦虑症。

问　题	是	否
1. 急性焦虑症一周内严重发作了好几次		
2. 我的急性焦虑症包含了多项典型生理症状		
3. 我十分害怕急性焦虑症会再次发作		
4. 我因为害怕恐慌，逃避了很多正常的日常场景		
5. 一有焦虑感，我就会特别担心，这点儿小症状会不会恶化成急性焦虑症		
6. 我发现自己总是监测自己的身体状况，生怕不好的生理感受和症状突然出现		
7. 我越来越依赖其他人的陪伴，在他们身边我就没那么焦虑了		
8. 每当出现无缘由的生理感受或者症状时，我的第一反应就是猜测最坏的结果		
9. 当我感到恐慌时，想法也会变得越来越不合理		
10. 我努力让自己冷静，这样我就不会太紧张、太焦虑		
11. 我变得越来越难以忍受焦虑感		
12. 对于无缘由的身体感受，我知道往最坏处想是不对的，但是我好像越来越无法改掉这个毛病了		
13. 我能察觉到，自己变得过于情绪化。我很担心自己会失去控制		
14. 对恐慌的恐惧已经严重影响了我的工作、学习、休息以及生活质量		
15. 我与恐慌苦苦斗争，在日常生活中经常逃避，我的家人和朋友都因此失去了耐心		

害怕恐惧

露西亚在朋友们眼中是充满活力、敢于冒险、热爱生活的，但是在第一次急性焦虑症发作后，她便变得胆小如鼠，忧虑不堪。焦虑已经束缚了露西亚的生活。尽管露西亚的情绪成了难题，但很多问题都要归结于她害怕自己会变得焦虑，或者说"害怕恐惧"。她越来越担心，自己会无法忍受焦虑引发的任何生理症状，尤其是涉及胸口和心脏部位的症状。她拼尽全力让自己不要焦虑，要保持冷静、乐观。她最根本的恐惧是，焦虑会恶化成恐慌，更严重的是，让她的心脏过度负荷，从而引发心脏病。

在第三章中，我们介绍了焦虑敏感性的概念，它是焦虑想法的重要特征。加剧的焦虑敏感性的定义为：

人们因为相信某些生理症状（心悸、恶心、胸口疼痛、窒息感，等等）会导致严重的负面结果（急性焦虑症完全爆发、失去控制、极度的尴尬、严重的疾病等），所以害怕这些症状的发生。

加剧的焦虑敏感性在持续不断的恐慌状态中扮演了重要的角色，这是你完成了本书前面的干预练习却仍然感到恐慌的主要原因。一个高度焦虑敏感的人，只要感到轻微的呼吸不畅，便会马上往最坏的方面上想，比如"要是这种感觉越来越强烈，然后我就窒息了呢？"而轻度焦虑敏感的人，在同样的情况下会选择接受，因为他们想的是："我以前也有这样的感觉，这没什么，只要做几个深呼吸，然后继续工作便好。"有实验表明，焦虑敏感性是一种稳定的人格特征，它会通过增加人们的危机感或者脆弱感，促使恐慌类精神障碍形成。强烈的焦虑感会为急性焦虑症推波助澜，表现为：

● 令患者更倾向于对无法解释的生理感觉自发地做出灾难化解释。

● 令患者更加无法接受自身的焦虑，并且加强患者对控制焦虑感的决心。

● 令患者更加逃避焦虑触发因素，更想寻求安全感。

> 在认知疗法中，对焦虑敏感性信念的评估和纠正，能有效减少急性焦虑症的频率，降低其严重程度。

你常常被焦虑敏感性折磨吗？了解自己是否存在焦虑敏感性，对于有效地进行恐慌认知治疗是十分重要的。工作表 9.2 中列出了一些核心信念，你可以参照工作表 9.2 的内容，判断自己是否有严重的焦虑敏感性。

被恐慌侵袭的思维

露西亚知道，胸部的压迫感并不意味着她得了心脏病，可能仅仅

工作表 9.2　焦虑敏感性信念

提示：在以下表格中圈出对你适用的陈述。如果你所圈的"比较赞同"或者"非常赞同"的陈述超过三条，那么焦虑敏感性也许就是你急性焦虑症的重要因素。

陈　述	不赞同	些许赞同	有些赞同	比较赞同	非常赞同
1. 我很害怕自己的心跳加快，怕是发生了什么特别糟糕的事	0	1	2	3	4
2. 当我的胃感觉恶心或者难受时，我就担心自己是不是病了	0	1	2	3	4
3. 每当我觉得胸口突然有紧迫感或者疼痛感时，我的第一反应就是害怕这是不是心脏病的信号或者症状	0	1	2	3	4
4. 当我感觉呼吸不畅的时候，我会把问题想得很严重，觉得自己有可能闷死	0	1	2	3	4
5. 当我喉咙发紧时，我就觉得自己是不是要窒息而死了	0	1	2	3	4
6. 尽可能地保证自己冷静、放松，这一点十分重要	0	1	2	3	4
7. 我尽力控制自己的焦虑，这样其他人就不会觉得我很焦虑了	0	1	2	3	4
8. 我不喜欢过于紧张或激动的生理感觉	0	1	2	3	4
9. 我担心自己的兴奋或压力会失控，导致急性焦虑症发作	0	1	2	3	4
10. 我的脑海完全被自己的生理感觉以及自己要变得焦虑的想法占据了	0	1	2	3	4

资料来源：《焦虑与忧虑手册》大卫·A.克拉克、亚伦·T.贝克 著，吉尔伯特出版社出版。

是由焦虑或紧张引起的。但是，她无法阻止自己有"万一"的想法：
"万一这次胸口的压抑感是真的因为心脏出问题了呢？""万一这个症
状一直持续下去，然后就变成急性焦虑症了呢？""万一我完全失控，
一直有这个症状呢？"即使现在露西亚已经有过很多次焦虑发作的经
历，体会过很多次生理症状，最坏的情况也只是更加焦虑一些而已，
但是她仍然忍不住想象更糟糕的情境。在她突然产生生理感受时，这
些"万一"是她脑海中最先冒出来的想法。这些最早的忧虑想法，总
是与精神、情绪或者生理的灾难相关。露西亚已经形成了一种"恐慌
心态"（panic mindset），她的这种思维方式，造成了她接连不断的急
性焦虑症问题。

你如何看待焦虑的生理症状，对于急性焦虑症的持续和恶化而
言，十分关键。认知疗法致力于改变被恐慌侵袭的思想，以消除人们
对焦虑感的恐惧（例如焦虑敏感性），从而减少恐慌发作的频率和强
度。图 9.1 解释了急性焦虑症的认知模型。认知疗法中的"急性焦虑
症剖析"有四个关键要素。

过度警觉

如图 9.1 所示，如果急性焦虑症反复发作，那么你会尤其针对突
发的，或者无法解释的生理感觉，时刻监测各项生理指标。也就是
说，你会发展成"生理过度警觉"的状态。当胸口有紧迫感、呼吸困
难、眩晕感或者恶心感一类的生理症状时，如果可以对此进行合理解
释或者合理预期（例如"我刚刚走了一段楼梯，所以有点儿喘不过气
来"），你可能会感觉好一些（即使脑海中仍然会冒出来一些并不可能

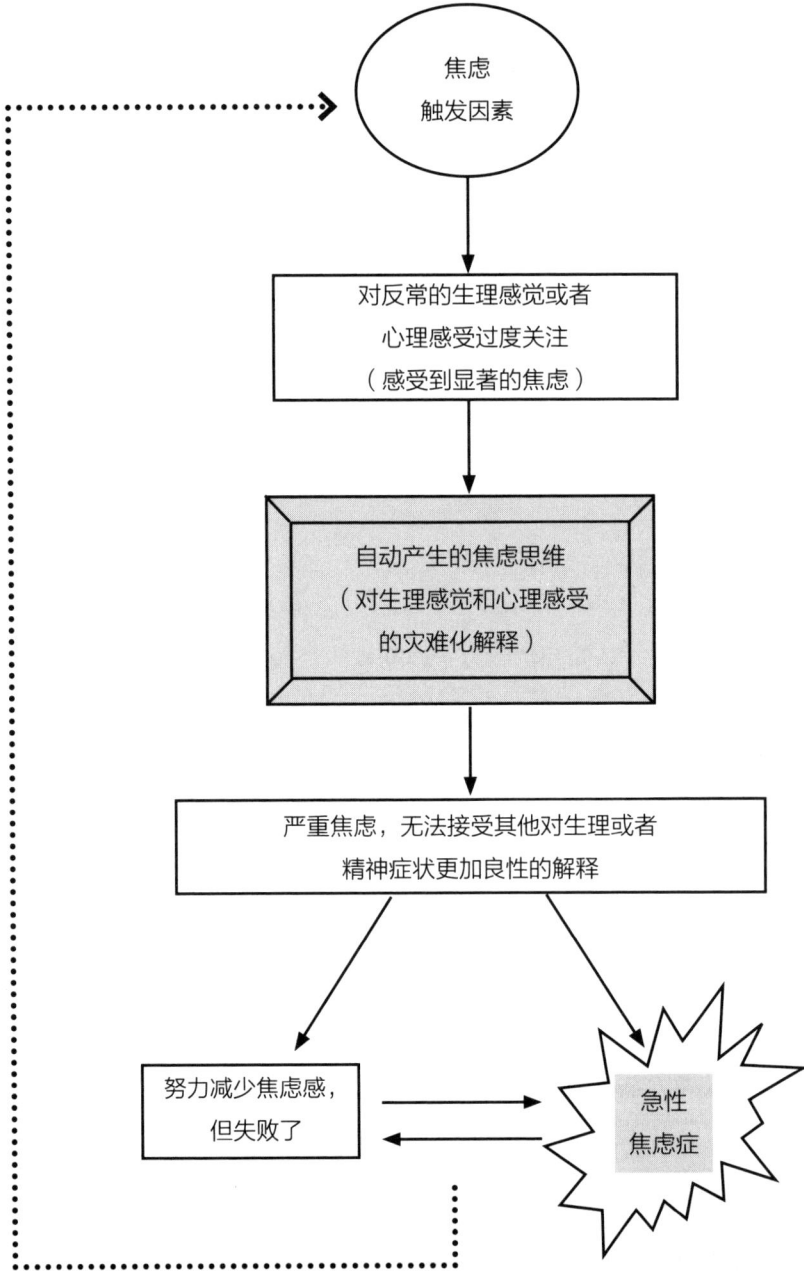

图9.1　恐慌的认知模型

发生的最坏情形）。如果这个生理感受是超出预期的或者没法解释（例如"我刚刚一直好好地坐着，不应该呼吸不畅啊"），那么你的心里马上就会出现忧虑想法，因

> 急性焦虑症患者往往会对焦虑的生理信号过度警觉，从而不断地对自己的生理状态感到焦虑。恐慌的认知疗法将关注点放在终结极端的身体检测上。

为灾难化思维已经占据了你的大脑。你会觉得"这是不正常的""为什么我会这么感觉呢？""我有些不大对劲"。举个例子，露西亚对自己的心肺功能过度警觉。她十分关注胸口的感觉、心率以及自己是否正常呼吸。她甚至每天都要测好几次脉搏，来检查自己的心率是否过快。只要某些生理感觉突然出现，她就马上变得忧心忡忡，不断地问自己："我这是出了什么问题？"

灾难化思维

我们一再强调，对无法解释的生理感觉进行灾难化的错误解释，是急性焦虑症的核心问题，这也是图 9.1 中强调的元素：灾难化误解是造成恐惧爆发的关键。过度警觉会让人自发地想到最坏的情形，而灾难化思维可能是高估了灾难发生的可能性，也可能是夸大了最坏可能结果的严重性。在之前的例子里，当被问起胸口的压抑感时，露西亚完全高估了这个症状与心脏功能障碍的关联。表 9.1 中列出了一系列对不同的生理感觉的错误解释。在焦虑时，你是否也有过同样的误解呢？

表 9.1 灾难化思维及其相关的生理感觉举例

生理感受	自动产生的焦虑（灾难化）思维
胸口紧迫感、疼痛、心悸	• "我的心脏是不是有什么问题？" • "我是不是得了心脏病？" • "我是不是给心脏太多压力了？"
呼吸困难、窒息感、吸气吐气不规律	• "我无法好好呼吸。" • "万一我窒息了怎么办？" • "我没法深呼吸，是不是肺出毛病了？"
眩晕感、头重脚轻、虚弱无力	• "我要失控了。" • "我是不是要疯了？" • "这是不是脑癌的征兆？"
恶心、反常的痉挛	• "万一我真的生病了，开始呕吐怎么办？"
身体麻木、极度刺痛	• "我是不是中风了？" • "我要是失控、发疯了呢？"
无法休息、紧张、情绪烦乱	• "这是不是急性焦虑症完全发作的迹象？" • "我的情绪是不是要马上失控了？" • "我太紧张了。"
感到身体颤抖	（同上面的症状的解释）
健忘、无法集中注意力、容易疏忽大意	• "我的神经功能要全面失控了。" • "我的身体肯定出了什么大问题。" • "要是我的智力开始严重退化了怎么办？"
感到不现实、人格丧失	• "这会恶化成癫痫吗？" • "这是不是我要癫狂的预兆，我要精神崩溃了吗？"

资料来源：《理解与治疗惊恐性障碍：认知—行为方法》史蒂夫·泰勒著，威利出版社。

难以纠正

我们都经历过某些突如其来的、自动产生的生理感觉，甚至对此有过错误的理解（这会不会是什么严重的问题呢）。但是大部分人都会纠正这些焦虑的初始想法——重新估计这些生理感觉在多大概率上是正常的，以及是否重要。但是如果焦虑症频繁发作，那么你很难做到这样。这就好像最初自动产生的焦虑想法（自己可能出了特别严重的问题）自行蔓延开来，又像失控的列车，没有受到合理思维的约束。例如每当露西亚感到胸口异样，又无法解释时，她都忍不住怀疑自己的心脏出了问题。她试着告诉自己"这没什么呀，可能只是消化不良吧"，或者"这只是正常的生理感觉"，但是她内心似乎无法接受这些解释。她总是被"万一"的想法拉回去，"万一是我的心脏有什么问题呢？"露西亚试着用合理解释来阻止灾难化思维，但是这些解释似乎都不成立，无法对抗自己强大的灾难化思维。她已经快崩溃了。

因为身体需求的波动，我们每天都会感受到呼吸、心率、肠胃、神经感官、肌肉的变化。由于这些波动的存在，我们的身体不可能以一种完全正常、一成不变的模式运行。你是不是过于草率，直接跳到结论（认知错误），觉得反常的生理感觉一定是出于某些原因？对于某些生理症状，我们列出了一些更加良性的替代解释。这些解释在健康的人身上是合理的，并且十分常见。把这些原因与表 9.1 中所列的灾难化思维做比较，问问你自己，对于不断冒出来的生理感觉，你更相信哪个解释。

● 增加体育锻炼、活动；

● 疲劳、缺乏精力；

● 摄入或戒断咖啡因一类的刺激物；

● 摄入或戒断酒精或者处方药；

● 严重压力或者焦虑的结果；

● 平衡紊乱；

● 周围环境的突然变化，例如光线、温度等；

● 对身体状态的高度关注或监控；

> 认知治疗可以增强对危险发生的可能性和严重性的估计能力，这样你可以纠正自己灾难化的思维倾向，并且学会停止恐慌的恶性循环。

● 注意或者听闻别人的生理症状；

● 食物消化不良或者其他消化反应；

● 肠胃异常、蠕动紊乱、痉挛；

● 过敏反应；

● 更加烦恼、不耐烦、易怒；

● 经前症状；

● 过度节食、饥饿；

● 生理功能的自动变化。

寻求安全感，想要控制

"往最坏处想"肯定会令你觉得自己已经失控。随着生理症状的加重，你变得越来越焦虑，严重时，似乎完全无法控制自己的身心。你越发确认某个情境是自己无法忍受的——但是又必须去。因此，很自然地，你会想重握控制权，以逃避这个情境，让自己找到一个安全的地方并冷静下来。在第三章中我们已经讨论过，逃跑、回避以及寻求安全感是焦虑思维的三大推手。在恐慌类的精神障碍中，任何帮助你放松以减轻（你惧怕的）生理感觉的方法——喝酒、吃药、冥想

> **认知疗法能让你学会放弃对掌控权和安全感的徒劳争取，并对你因焦虑和恐慌而产生的生理症状采取更积极的治疗方法。**

等——都可以归为此类。你会竭力避开触发焦虑的情境，一感受到焦虑的信号，便逃之夭夭。这就是为什么陌生环境恐惧症经常成为急性焦虑症的并发症。露西亚开始认识到杂货店、商场、电影院一类的公众场合会令她更加焦虑，并且增加急性焦虑症发作的风险，因此她会避开这些地方。几个月以来，她几乎足不出户。

　　逃跑、回避和寻找安全感是焦虑和恐慌持久存在的主要原因，所以治疗恐慌的认知疗法会着重针对患者的逃避和寻找安全感反应。在准备阅读下面章节之前，先回过头来看看你在"焦虑档案"（工作表5.9）第三部分中填写的内容。然后整理你因焦虑而逃避的情境，以及控制生理感受的方法，填入工作表9.3中。

你的"恐慌档案"

　　了解你的恐慌！急性焦虑症最糟糕的特征之一便在于其自动产生、不在预期内以及完全无法解释的本质。焦虑者常常花大量的时间

工作表 9.3　与急性焦虑症相关的逃避情境和控制策略

逃避情境（触发因素）	控制生理症状的方法
1.	1.
2.	2.
3.	3.
4.	4.
5.	5.
6.	6.
7.	7.
8.	8.
9.	9.
10.	10.
11.	11.
12.	12.

资料来源：《焦虑与忧虑手册》大卫·A.克拉克、亚伦·T.贝克 著，吉尔夫特出版社出版。

去担心急性焦虑症，努力辨别什么是安全的，什么又是危险的，并且试图找到避免急性焦虑症再次发作的方法。不幸的是，他们很多试图控制恐慌的方法都是徒劳无功的，只会把情况弄得更糟糕。相反，对抗恐慌的最佳武器是知识和理解。所以你要了解自己的恐慌，学习更多与恐慌反应有关的知识，这也是用认知疗法治疗急性焦虑症的第一步。我们希望你不再被恐慌打得措手不及，能十分熟悉自身因恐慌产生的想法与行为，不再对这些感觉陌生。在上述的例子里，在认知疗法课程的最初几节课程中，露西亚了解了自己独特的恐慌恶性循环的思维模式和行为习惯。她惊讶于在普普通通的一天中，自己竟然在生理功能的观察上如此专注，如此迅速地、草率地得出最坏的结论，以及如此执拗于寻找安全感（例如总是把手机、水杯和药物放在身边，以防出现任何不适感）。

什么是恐慌的恶性循环呢？图 9.1"恐慌的认知模型"展示了这个恶性循环的构成。

了解恐慌，你需要画出自己的恐慌循环图。你可以回想一下，最近几次恐慌发作时的情境或者你经历过的最糟糕的急性焦虑症。另外一个对画图有用的工具是在恐慌日志中完成你的"恐慌档案"。

我们发现，急性焦虑症患者如果坚持记恐慌日志，其急性焦虑症的发作频率会大幅度减少，原因如下：

● 你能学会减慢速度，以捕捉到自己对生理感觉的灾难化误解，从而预防急性焦虑症的发作。

● 你对焦虑症了解得越多，焦虑的幅度和变化就会越好掌握。

●你对焦虑的过程了解得越多，你就越能控制自己的焦虑。

●恐慌日志为你提供了一个整理证据的机会，以反驳自动产生的（对生理症状、焦虑情境等）灾难化误解。

自助练习 9.1
记恐慌日志

把恐慌和急性焦虑周志（工作表 9.4）多复印几份，将所有重要的焦虑发作和恐慌发作经历都记下来。在焦虑发作后的合适时间段内，尽可能又快又准确地完成恐慌日志。一直记下去，直到这些内容能为"恐慌档案"提供足够的信息。但是你也要知道，于恐慌经历中搜集到的信息和恐慌日志里的内容越多，恐慌日志能发挥的作用就会越大。所以，最好的办法是在治疗恐慌症的过程中一直保持记录。

自助练习 9.2
完善"恐慌档案"

利用工作表 9.5，写下所有令你焦虑的情境、令你不舒服的生理感觉、令你恐惧的最坏结果、你最无法相信却最符合现实的解释、你为了寻求安全感而做出的反应，以及你为了将恐慌的风险降到最低而做的事情。除了恐慌日志中的信息，你还可以看一看急性焦虑症的发作经历，或许可以搜集到一些有用信息。"焦虑档案"（工作表 5.9）可以给你提个醒。

工作表 9.4　恐慌和急性焦虑周志

日期：＿＿＿＿＿　至　＿＿＿＿＿

提示：写下所有可能令你焦虑的情境、事件、环境、想法或者生理感觉。在第二列中简短地描述一下这些情境。在第三列中估算焦虑的提示：在本表中记录过去一周内你的恐慌或急性焦虑症的发作经历。尽可能在焦虑症发作后马上填写此表，以提高内容的准确性。

日期时间和发作的持续时间	情境触发因素（用E或UE标记）	焦虑的严重性（0~100分；用FPA或AA标记）	令你困扰的主要生理感觉或心理感受	对生理感觉的自动灾难化解读	可能的良性替代解释	控制焦虑感与寻求安全感的措施
1.						
2.						
3.						
4.						
5.						

注：E＝预料到自己在这种情境中会感到恐慌；UE＝没有预料到自己在这种情境中会感到恐慌；FPA＝完全恐慌；AA＝急性焦虑症发作。

资料来源：《焦虑症认知治疗》大卫·A.克拉克、亚伦·T.贝克著，吉尔夫特出版社出版。

工作表 9.5   **恐慌档案**

提示：参照你的恐慌日志（工作表9.4），完成下表的各个部分。

第一部分：与恐慌有关的主要焦虑触发因素
（情境、想法、感觉、期望，等等）

1. _____

2. _____

3. _____

4. _____

第二部分：最初的生理感觉

生理感觉：_____

_____

最初的生理感觉和精神状态：_____

主要的生理感觉和精神状态（比如令你无法集中注意力）：_____

_____

（续表）

⬇

第三部分：对生理感觉的解读

自动的灾难化解读：_____

_____

良性替代视角：_____

_____

⬇

第四部分：寻求安全感和控制的反应与措施

寻求安全感的反应：_____

_____

其他试图控制焦虑、防止恐慌发作的措施：_____

_____

资料来源：《焦虑与忧虑手册》大卫·A.克拉克、亚伦·T.贝克 著，吉尔夫特出版社出版。

> ● **疑难解答小贴士**
>
> 刚开始记恐慌日志的时候，你可能很难认识到自己对生理感觉有哪些误解。如果是这样，那你可以回顾一下本书之前的内容——回头看看你填过的工作表2.2、工作表3.1、工作表3.4、工作表5.3和工作表5.4——也许会有帮助。有的人不愿意记恐慌日志，因为他们觉得做这些事情会让他们更关注恐慌，从而让情况变得更糟糕。可是，依照我们以往的经验来看，事情恰恰相反——恐慌日志能帮人们更好地了解自己的恐慌发作过程，从而减轻恐慌的症状。请记住，当你想要击败恐慌时，相信"知识就是力量"，所以不要轻易放弃恐慌日志。

一旦你习惯了在恐慌日志中监测自己的焦虑症和恐慌发作，也完成了"恐慌档案"，那么你就可以开始使用第六章和第七章的认知方法和行为策略了。我们已经对这些干预措施做了些许修正，使其能够更有效地针对急性焦虑症的关键方面。

重新评估恐慌

回头看看恐慌日志的内容，你可能会想：为什么我会把某个生理症状想得那么糟呢？草率得好像根本没过脑子。露西亚花了几个礼拜的时间监测自己的焦虑情绪和急性焦虑症，然后对此深以为然。每次冷静下来，她都能很容易地就明白，自己的胸闷只是一种压力的信号，或者一种很随机的自然感觉。但是在恐慌的时候，她就没法摆脱最初的灾难化思维"我要是心脏病发作了可怎么办？"自动产生焦虑想法之所以能反复无常，主要原因之一是焦虑时的人会倾向于用情绪去推理。就像这样："我感到了焦虑，所以，肯定有什么坏事要发生了。"所以，露西亚会觉得有胸口发闷或者发紧的感觉，从而更加焦虑。在焦虑加剧的过程中，"某些坏事就要发

创建"恐慌档案"（了解自己的恐慌），学习用"恐慌档案"不断监测自己的急性焦虑症和恐慌，这一步至关重要：你必须掌握并使用认知疗法的这两个技能，才能进行到治疗的下一步——用更专业的干预治疗策略来减少恐慌发作的频率和严重程度。

生了"的想法对她来说会变得越来越真实。想要纠正这种焦虑时总是跳到灾难性结论的坏习惯，最好的方法之一就是为这些不期而至的生理感觉找到一种更加现实的替代性解释。

自助练习 9.3
对抗恐慌的替代性解释

在接下来的几周时间内，利用工作表 9.6（你也可以用第六章的工作表 6.3 或工作表 6.5），为与焦虑相关的糟糕感觉（生理、精神、情绪）找到替代性解释。如果你自己想不出来，可以参照"难以纠正"部分（243 ~ 244 页）中列出的替代性解释。此外，准备一张白纸，写下支持替代性解释的经历——也就是证据。把你的证据清单附到工作表 9.6 后面，时刻提醒自己，你经历过的事情足以证明，这些替代性解释完全可以解释你的生理感觉。

自助练习 9.4

制作一张"抗恐慌抽认卡"

挑一个不焦虑的时候，回顾一下恐慌和急性焦虑症周志（工作表 9.4）和症状重估表（工作表 9.6），选出与急性焦虑症最为相关的主要生理、精神、情绪症状。然后仔细阅读工作表 9.6 中的良性解读一列，看看对于与恐慌相关的感觉，最可能的理由和解释是什么。详细说明你为什么认为这种替代性解释要更好一些，然后在一张 7 cm×12 cm 的索引卡上写下这个替代性解释，或者将其录入你的移动设备里。这就是你的"抗恐慌抽认卡"。你会一直需要这张抽认卡，在你的想法从杞人忧天转变为符合现实情况之前，一定要在卡片上写下为什么替代性解释才是正确的。

你可能在平静的时候会相信"抗恐慌抽认卡"，但是焦虑时便完全不会用替代的角度看待问题，而是立即草率地用灾难化误解某些生理症状。大多数患有恐慌症的人都会这样想，并不仅仅是你一个人才这样。恐慌重估的目标是把冷静时领悟的道理转化成焦虑时的想法。为了达成这个目标，你需要实践，实践，再实践！练习去捕捉焦虑症发作期间的灾难性误解，然后用符合现实的替代性解释纠正这些错误想法，以对抗恐慌。

工作表 9.6 症状重估表

日期：_____

提示：本表旨在为令你焦虑或恐慌的生理症状和心理感觉找到合理的替代性解释。

经历过的生理感觉（比如心跳加速、呼吸不畅、恶心）	除去最坏的结果（即可怕的灾难），还有什么替代性解释能够解释这些感觉？	在不焦虑时，为每个解释的可信度打分（0~100）*
1.	a. b. c.	
2.	a. b. c.	
3.	a. b. c.	
4.	a. b. c.	
5.	a. b. c.	

注：可信度打分：0＝完全不可信，100＝非常确信这个理由就是这种身体感觉的诱因。

资料来源：《焦虑认知治疗》大卫·A.克拉克，亚伦·T.贝克著，吉尔夫特出版社出版。

> ● **疑难解答小贴士**
>
> 如果你在抽认卡的制作上遇到了麻烦，那么请回想一下练习 6.8
> 中培养替代视角时制作的正常焦虑卡片。确保你选择的替代性解释是
> 最贴近现实的。如果你确定不了，那就问问家庭医生一类的专家，例
> 如健康的人觉得呼吸不畅的最常见原因是什么？但是只能问一次，并
> 且要信服答案。

将恐慌去灾难化

挪威有句谚语说："经验是最好的老师，但是学费很高。"在认知治疗的过程中，露西亚深深体会到了这个道理。露西亚的核心问题是担心自己有心脏病。她会因为胸口发紧、胸痛或心跳加速而高度焦虑。在她看来，即便是最轻微的焦虑感，也可

焦虑时用良性的替代性解释取代灾难性的误解，是说起来容易做起来难。想要做到这一点，你需要反复地实践，不断地收集证据。最终，你会更相信"抗恐慌抽认卡"，而非那些夸大事实的解释。如此，症状重估这一认知工具才能达到减轻恐慌的目的。

能是急性焦虑症的前兆，所以她一点儿都忍不了。此外，她会把很多小事都看得很严重。对于她的情况，治疗的一个关键因素就是让她学会容忍焦虑的生理症状。也就是说，不论是胸口发紧还是心跳加速，她都要学会接受，而不是害怕。通过症状感应练习，露西亚学会了

容忍。

　　家庭医生的检查结果让露西亚确认自己的身体状态良好，然后她进行了包括故意令胸部肌肉紧张和心跳加速在内的一系列练习。比如她先强烈呼吸两分钟之后，再控制呼吸。一开始，她只是在治疗期间练习，然后逐渐增加练习次数，慢慢发展到每天都练习几次。这个练习是为了帮助露西亚学会容忍呼吸急促和心率增加的感觉。此外，她制订了有氧运动的健身计划，通过运动，反复体验强烈的心肺活动。还有，她开始更快速地爬楼梯，多喝咖啡，以刺激、唤醒生理感觉。反复的经历让露西亚不再害怕心脏强烈跳动和呼吸急促的感觉。这些重要的干预措施大大减轻了她的急性焦虑症。

　　症状感应练习是：

　　　故意触发不必要的、令人害怕的生理症状或心理感受的行为。

　　表 9.2 列出了在恐慌的认知疗法中，常用的一些症状感应练习。每个练习都是与相应恐慌经历的主要生理感觉相对应的。

表 9.2　症状感应练习举例

感应练习	触发的症状
强力呼吸1~2分钟	呼吸急促，有窒息感
屏住呼吸30秒	呼吸急促，有窒息感
把压舌板放在舌头后方，保持30秒	感到窒息
就地跑1分钟	心脏剧烈跳动

（续表）

感应练习	触发的症状
在椅子上转1分钟	头晕目眩，发昏
浑身肌肉紧绷1分钟	发抖
用很窄的吸管呼吸2分钟	呼吸急促，有窒息感
快速摇头30秒	头晕目眩，发昏
盯着镜子里的自己看2分钟	感到不真实；头晕目眩或发昏

症状感应练习有积极的治疗价值，原因有三：

●感应练习会令你痛苦，从而激发你的核心恐惧，让你的脑海中浮现与威胁相关的想法，这样你才能有机会面对这些想法，进而发起挑战；

●让你向自己的灾难化误解发起挑战，通过练习经历令你明白，那些生理感觉并不危险，并不会导致多么可怕的后果；

●某些生理感觉被激发出来，又平复下去，这样你会更能控制自己的情绪状态。

症状感应练习的最主要目的，是让你多接触自己害怕的生理症状或心理感受，明白这些症状和感受并不会导致可怕的结果。这些练习会提供强有力的证据，以反

症状感应练习会大大改变你看待问题的视角，让你不再对生理感觉或心理感受胡思乱想，从而摆脱焦虑的困扰。但是，你得反复练习，把练习视作重新审视恐慌想法的好机会。

驳你自动的灾难化误解。换句话说，在大多数情况下，胸闷、气短、胃部不适等症状并不会导致心脏病发作，也不会令你窒息或者呕吐，这些都不是多么严重的事情。

自助练习 9.5
症状感应

　　请在认知疗法的疗程早期，制订一份症状感应练习的日程表。按照下面的步骤，尝试每天都练习一下症状感应，或者每周至少做几次。尝试不同的练习，这样你的日程会涉及各种不适的感觉。用感应练习去纠正自己对危险和威胁的误解，在实践中了解，你害怕的那些身体感觉和心理感受并不是灾难的前兆。你可以用工作表 6.3 记录症状感应练习的经过，这些练习是推翻误解的有力证据。

　　症状感应练习的步骤：

　　第一步：体检，证明自己很健康。

　　第二步：了解自己主要的生理感觉，以及相应的灾难化误解。专注于使你焦虑的主要生理感觉或心理感受。写下恐慌和急性焦虑周志（工作表 9.4）中与此有关的、自发产生的灾难化误解。

　　第三步：选择两或三个能导致不快感受的活动。写下几件你能完成但是会感到不舒服的事情。你可以借鉴表 9.2 中的练习，也可以自己想。

　　第四步：安全地开始。确保在一个安全、平静、舒适的地方开始感应练习。如果你正在接受专业的治疗，那么感应练习可能会在治疗中进行。

第五步：勇敢前进。开始之前，先决定你要做多久的练习。不要一感到焦虑就停下来——你就是应该焦虑才对。坚持练习，直到你完成了预定的时长（比如两分钟的深呼吸）。

第六步：慢慢进步。从中度焦虑的练习开始。慢慢增加练习的时长，直到你完成全部的练习。例如如果几秒的深呼吸会令你高度焦虑，就先做 20 秒，然后逐渐增加时间，直到你能做满 2 分钟的练习为止。

第七步：重新评估症状。在练习期间，试着找到证据，证明你的症状都是良性的，并不危险，以此纠正自己的焦虑思想。用"抗恐慌抽认卡"，在症状重估表（工作表 9.6）里记录下你的反应。

第八步：改变情境。如果你已经在安全的情境中成功地完成了症状感应练习，那么去令你焦虑或紧张的情境中再试一试吧。想要战胜对焦虑生理症状的恐惧，这是最好的方法。

第九步：每天尽可能多地练习。想要受益于症状感应练习，你必须大量实践。

● **疑难解答小贴士**

如果你试了几次症状感应练习，但是并不觉得有什么用，那么请确保你选的练习是最适合你的——能挑起与恐慌有关的主要生理感觉。如果一开始的练习太过痛苦，那就换个温和一点的，然后再逐渐挑战更难的练习。确保在各种触发焦虑的情境中都做一下症状感应练习，这样你才能从练习中获得最好的效果。

直面恐慌的触发因素

　　如你所知，如果你的急性焦虑症犯了，你会很快就意识到，哪些情境最可能令你恐慌，然后尽可能避开这些情境。但问题在于，你害怕的情境会越来越多，于是很多恐慌患者会患上典型的陌生环境恐惧症。所以，在认知疗法中，暴露练习是用来治疗恐慌障碍的重要方法。

　　第七章讨论了如何制订暴露练习计划。本章的建议和监测表格可以用来构建一个暴露疗程，并系统性地将对抗恐慌因素包含在内。唯一的改动之处是，确保你的暴露练习计划集中于可能令你焦虑或恐慌的高危情境。再强调一遍，关键因素是：（1）逐渐增加暴露练习的难度；（2）确保每次暴露练习都持续到焦虑水平至少下降一半的时候；（3）通过练习，纠正在暴露过程中自动产生的威胁和危险思维。通过暴露治疗，练习将自己的注意力放在身处情境的安全方面。（比如有什么证据可以表明，在商场里，我即便感到很焦虑，但其实很安全？）学会容忍（甚至接受）这种焦虑的状态。提醒自己使用第七章的感知策略。

自助练习9.6

恐慌的暴露疗法

收集所有与恐慌有关的触发因素，制作一张层次表，从令你恐慌的情境中，挑一个中等程度的开始，然后逐渐挑战更易引发恐慌的情境。每周完成几次重复的情境暴露练习。坚持某一程度的练习，直至该情境中的焦虑程度降至最开始时的一半。然后转至层次表的下一情境。当你不再逃避层次表上的任何情境时，你的暴露练习就完成了。

● **疑难解答小贴士**

如果你难以完成暴露计划，那么请回顾一下第七章的内容。你会想起一些用以克服暴露障碍的策略和方法。

如果陌生环境恐惧症在你的恐慌症中非常突出，那么暴露疗法会发挥更大的作用。通过暴露练习，学习不再逃避，这一点对于典型和非典型的急性焦虑症都非常关键，能大大减少焦虑的发作频率，减轻严重程度。

本章总结

◇◇

1.急性焦虑症的特点是突然感到强烈的恐惧或不适，包括很多生理感觉和心理感受。

2.焦虑的高度敏感或者对于恐惧本身的害怕，是造成恐慌问题持久不退的一个主要原因。

3.恐慌的认知基础包含以下关键要素：（1）对某些生理感觉和心理感受的着重关注和监测；（2）自动地将这些生理感觉和心理感受误读成灾难；（3）无法对这些误解进行重新评估或纠正；（4）依赖逃避和寻求安全感的行为来"控制"恐慌。

4.认知疗法的第一步，是创建引导整个干预疗程的"恐慌档案"。

5.在整个治疗过程中，保持记录恐慌和急性焦虑症周志（工作表9.4），以搜集相关信息，并评估干预治疗的有效性。

6.恐慌症状的重估和"抗恐慌抽认卡"的制作，是认知疗法的核心要素。只有学会纠正对生理感觉和心理感受的灾难化误解，急性焦虑症的发作次数才会减少。

7.症状感应练习是用来激活焦虑思想的，这样你才能学会如何改正灾难化的误解和高度的焦虑。

8.如果你的恐慌与过度逃避和依赖不适当的安全感寻求行为有关（你想靠逃避来控制焦虑，却令情况越来越糟），那么有计划地、规律地暴露于恐慌的触发因素中，将会是你认知疗法的重要部分。

攻克社交恐惧

治疗社交焦虑的认知疗法为社交焦虑确定了三个核心元素：惧怕负面评价、更加关注自己以及极度想逃避。

如果你的情况符合如下说法，这一章节将与你密切相关：

● 你在人群中时尤其容易焦虑；即使已经完成第八章的"焦虑工作计划"，这个问题也仍存在。

● 你能预料到自己会害怕某些社交场合，但是并没有在焦虑治疗计划中强调社交焦虑。

● 你仍然十分担忧自己在他人面前的表现，意识到这一点令你格外焦虑。

● 即使在焦虑问题上已经有了一定进步，你也仍然会刻意逃避社交场合。

● 你一直过度担心别人对自己的评价。

马丁特别害羞，因此十分痛苦，至少他是这么觉得的。在孩提时代，他就总是十分紧张，尤其在和其他小朋友在一起的时候。他记得，自己那时候很孤单，只有一个好朋友，总是战战兢兢，害怕班级里的其他人会注意他。现在，他33岁了，单身，是一名软件设计师，仍然觉得孤单、寂寞、与世隔绝。很多年前，因为工作变动，他搬到了离家几小时车程的地方，这让他很难适应。在搬家之后的六个月中，他的情绪越发低落，对曾经喜欢的事物都丧失了兴趣，觉得自己完全提不起精神，整夜整夜地失眠。医生诊断说，他现在处于抑郁的状态，让他服用抗抑郁药。药物治疗让他的情况稍微好转，但是深深的孤单感、厌倦感以及不满仍然萦绕在心。

马丁坚持每天上班。一开始，同事们聊天时会想带他一起，并且邀请他下班之后一块儿去喝酒。但是马丁每次都选择拒绝。在和别人一起的时候，他总是感到紧张、尴尬、有些难为情，也不知道应该说什么。焦虑时，他会面色潮红、身体颤抖、心跳加速，他会觉得闷热、身体不停出汗、呼吸不畅。他很确信其他人会注意到自己的紧张，也肯定会想"这个人怎么了？""他为什么这么紧张？""他是不是精神上有问题？"在这种极度焦虑的状态下，马丁十分坚信别人会盯着他看，对他的行为有各种负面的评价。所以，每当人们开始看向他时，他都越发难为情，不知所措。

有时，他也会尝试说些什么，可如果说的内容并不是非常恰当，他就会觉得十分羞愧、尴尬。有时，他会在脑海里排演要对大家说什么话，但是当他真的说出来时，又显得十分虚假、不真诚，情况也变得更加糟糕。当他收到工作会议的通知时，随着会议的时间临近，马丁会变得越来越焦虑，直到严重到自己无法忍受。他可能会提前好几个晚上就开始担忧：自己应当如何面对即将到来的社交活动呢？有人跟自己说话怎么办？老板要是提问怎么办？即使过后他会感觉好受点儿，但这种缓解也是短暂的，因为他会在心里重新回想事情的经过，以及人们对自己的看法。这种不断回想过去的社交活动的倾向——我们称之为"事后反复回想"——总是会让他得出不好的结论，觉得自己又一次尴尬了，从而让他更加肯定，自己无法融入集体。

对于自己严重的社交焦虑，马丁采取的主要应对方法是回避。他避免去任何交际场合，也尽量不和别人交流，例如：预约并参加聚会，和朋友吃饭、聊天，表达观点，约会或者接电话。他也不去任何需要表现自己的场合，例如：在会议上发言、在公众场合吃饭或者喝酒、在繁华的商场购物、在很多人面前走过或者在观众面前表演。如果他不得不去某一个社交场合，他会尽可能保持沉默，并且早早地就离开。他发现，如果喝点儿酒，自己就会不那么焦虑。他得随时带着镇静剂，防止急性焦虑症发作。

马丁患有社交恐惧症，也称为社交焦虑障碍，这是焦虑症最常见的形式之一，每年大约 1500 万美国成人（6.8%）受到此病症的折磨。社交恐惧症多在儿童期或者青春期早期发病，可能会持续几十年。社交恐惧症会造成长达一生的孤独感、失望感以及紧张感，并且常常伴有其他障碍症，例如抑郁症、广泛性焦虑症以及酒精使用障碍。轻度的社交焦虑在人群中颇为常见，严重的社交焦虑则是在多种焦虑障碍中都有所体现。经过前几章的治疗，你的焦虑问题应该已经有了一定的改善，但是社交方面的焦虑可能并没有得到足够的治疗，即使这仅仅是焦虑问题的一小部分。在这一章，我们将关注社交焦虑的所有问题，并讨论对此特别设计的干预疗法，以减少严重的社交焦虑。

别人会怎么想

我们都很在意他人对自己的看法。希望被所有人喜欢，被人赞美、被人认可，甚至被人钦佩，这是十分正常的想法。在生活中，别人的称赞、肯定以及积极的反馈会让我们觉得心情愉悦；相反，拒绝、不赞同和负面反馈则会令我们的情绪非常糟糕。尴尬是最令人不舒服（非创伤性）的情绪之一，因此我们理所当然地会尽可能不让别人对自己产生任何负面印象。现在，让我们一起正视这个事实吧：我们都喜欢融入人群，想要感受到自己是被接纳的，想成为团体中的一分子。

所以，当发现自己身处一个陌生的社交场合，需要向别人做自我介绍、发起谈话或者发表自己的意见时，虽然表面上保持着谈笑自如、如鱼得水的样子，但内心仍会感到有些紧张不安，这是非常正常的。所有人都会有这样的想法——"我这是干什么""别人会怎么看待我呢""希望自己没说什么蠢话""我感觉自己格格不入""忍不了了，我要马上离开这里"。我们会从别人的反应中寻找蛛丝马迹，判断自己做得好不好，能不能适应这个环境。当发现别人对谈话并不感兴趣，甚至有些不高兴了，我们就会觉得心神不安，十分尴尬。在离开这些令人难堪的社交场合后，我们会在脑海中不断回想这个晚上的活动——自己"表现"得如何，其他人对自己的反应，试着以此对"我是不是出洋相了？"这个问题得出一些结论。

如果你患有社交焦虑症，你的感受可能比刚刚描述的要强烈一千倍。你可能因为害怕社交场合而寸步难行，害怕给别人留下负面印象，所以一直生活在强烈的恐惧之中。在社交场合中，每个人都可能让自己难堪，但是对于你来说，这种可能性已经完全成为一种灾难，你无法承担任何可能遭受尴尬的风险。你非常确信自己出洋相了，开始检视自己的一言一行，希望能给别人留下一个好印象。但是随着时间的推移，你好像在这场战役中输了：你越努力地让自己适应，得到的结果就越糟糕。最终，陷入崩溃边缘的你决定不再忍受这样的折磨了。与其承受羞辱，还不如不要见别人。所以，你开始独自行动，把其他人隔离在自我保护的围墙之外。但是，你要为此付出很高的代价：你常常觉得孤独，心怀强烈的不满，生活质量也不断下降。另外一个巨大的代价是：你不再学习"社交语言的艺术"，在社交场合表现得越来越笨拙。最终，你陷进了一个死循环，永远无法从中逃脱！

社交焦虑的三个核心要素

严重的社交焦虑包含了三个基本要素，每一个都是被认知疗法特别确定的。

1. 惧怕负面评价——害怕其他人对自己有负面的评价，害怕招致别人的不屑和讥讽；害怕别人觉得自己很愚蠢、笨拙，甚至精神上有问题。

2. 更加关注自己——十分在意自己在社交场合的表现，觉得自己在穿过人群的时候似乎听见别人的议论。更矛盾的是，你越控制自己，让自己不要在意每一个表情、每一句话，你在社交互动的过程中就越容易表现得很笨拙。

3. 极度想逃避——尽可能地避开其他人，如果必须参加社交活动，也会尽早地逃离现场。

在社交场合中，马丁十分害怕别人会注意到他的焦虑。他十分确信，别人会看到他涨红的面孔、发颤的双手以及缓慢的声调，并且会这么想"可怜的人——他看上去太紧张了""这个人看上去不大好，惨兮兮的，都无法和别人交流""他的精神问题可能很严重"。这种极度负面的想法让他更加关注自己的言行，导致焦虑问题更加严重。但是，他也了解到，自己的谈话技巧真的很匮乏，所以他会更加努力去倾听别人谈话，关注别人对自己说了什么。所有这些努力并没有让情况好起来。最终，焦虑感变得太严重了，以至于马丁必须尽早离开需要交际的地方。逃避让他马上就得到极大的缓解。每一次，他都发誓，再也不让自己受到这种折磨了。

患有社交焦虑症的人不仅害怕他人对自己的负面评价，而且往往在社交表现方面有十分高的要求。例如：他们要求自己诙谐幽默，或者十分适应新环境，表现出自信。当然，他们并不能达到这样高的标准，所以焦虑问题往往变得更加严重，他们也更加确信自己无法在社交场合好好表现。在你看来，社交的理想状态是什么——你又在担心哪些负面评价呢？把这些想法记录在工作表 10.1 中。

> **治疗社交焦虑症的认知疗法为社交焦虑确定了三个核心元素：惧怕负面评价、更加关注自己、极度想逃避。**

社交焦虑在什么时候会变成问题

在一次调查中，40% 的受访者表示自己很容易害羞，另一份人口普查调研中，7.5% 的成年人有明显的社交焦虑症状。如果你只身一

工作表 10.1　理想印象 VS 可怕的负面评价

提示：在下面的空格中，简要描述你希望给别人留下的理想印象：别人对你最正面的看法可能是怎样的？你希望别人怎么看待你？你希望别人对你有哪种印象（例如：希望他们觉得你十分友善、幽默、聪明、开朗）？

我给别人留下的最积极的印象

_____

_____

_____

_____

提示：在下面的表格中，简要描述你可能给别人留下的最差印象。别人对你最负面的看法可能是怎样的？你最害怕别人对自己做出哪种负面评价（例如：你很愚蠢、孤独、可悲、没有安全感、立场不坚定）？

_____

_____

_____

_____

资料来源：《焦虑与忧虑手册》大卫·A.克拉克、亚伦·T.贝克 著，吉尔夫特出版社出版。

人参加一个鸡尾酒派对，什么人都不认识，那么请观察一下周围的人们。如果这个派对总共有 50 人，那么很有可能至少 20 人都会觉得有些束缚。此外，或许有 5 人觉得极度焦虑。但是，如果社交焦虑已经成为你的一个大

在陌生的社交场合或者被他人注视时（例如进行演讲或者在众人面前表演），感到些许焦虑和不适是很正常的。如果你的社交焦虑更加极端，那么本章的干预练习可以让你的社交焦虑减少到一个能控制的正常水平。

问题，尤其是前面一至八章并没有减轻这种焦虑，你就应该在本章的额外练习中多花些时间。如果工作表 10.2 中的某些问题与你的情况相符，本章节所讨论的认知疗法就特别适合你，因为它们正是为患有中度到重度社交焦虑的人们所设计的。

社交性焦虑想法

正如其他形式的焦虑情形一样，社交焦虑会造成一个死循环。如果你正在参加一个社交活动，感到有些害怕，手足无措，不知道该怎么想，也不知道该做什么。你发现自己根本无法融入其中，从而越发焦虑。后来，你不断地回想这个场景，导致自己更加惧怕下一次社交活动。这种认知模型有三个阶段，请参照图 10.1 社交焦虑的认知模型。

工作表 10.2 社交焦虑列表

提示：阅读以下每个问题，并且判断你是否会在某个社交情境中有类似的问题。如果你回答了五到六个"是"，那么你的社交焦虑问题很有可能已经十分严重了。

问　　题	是	否
1. 你是否对很多日常社交场合都感到十分焦虑？		
2. 你是否经常对即将到来的社交活动感到担忧或者紧张？		
3. 你是否在逃避，或者找借口不去某些社交场合？		
4. 当你无法避免人际交往时，你是不是会想尽快离开那里？		
5. 你会不会想象自己给别人留下了不好的印象，所有人都批评你（例如：觉得你很愚蠢、能力不足、心理异常）？		
6. 聊天时，你是不是特别担心说了什么尴尬、羞耻的话？		
7. 你是否努力在社交场合中掩饰自己的紧张？		
8. 当你在人群中时，你是否会尽量不出声，以避免他人的注意呢？		
9. 在社交场合中，你的脑海是不是被自己的表现所占据，过度分析自己在他人面前的言行举止？		
10. 你是不是想尽办法来减少自己在人群中的焦虑感，例如：避免和他人对视，聊天之前在心里排练要说什么，或者深呼吸？		
11. 社交焦虑是不是阻碍了你的职业发展、家庭关系、休闲活动或者交友情况？		
12. 在进行人际互动之后，你会不会在脑海里一遍遍回想自己对别人说了什么，做了什么？		
13. 你是否对尴尬的社交过往记得十分清楚？		
14. 你是不是常常不知道应该和别人说些什么？		
15. 你是否笃定地认为，自己的能力不足，并且在别人面前十分笨拙？		
16. 在他人面前感到尴尬，是不是你所想象的最糟糕的情形？		
17. 你是否难以流畅地表达自己的想法？		
18. 熟人是否会说你是一个容易害羞或者容易焦虑的人？		
19. 在社交场合里，你喜不喜欢所有人都盯着你？		
20. 在社交场合里，你是否觉得自己比大部分人都更焦虑？		
21. 生活中的很多时候，你是否对社交活动感到焦虑，或者干脆逃避？		
22. 你是否试着克服社交焦虑，但难以战胜这个问题？		

资料来源：《焦虑与忧虑手册》大卫·A.克拉克、亚伦·T.贝克 著，吉尔夫特出版社出版。

1. 预想阶段

　　尽管社交活动会不经意地发生（例如你在购物时偶然遇到了同事），但是我们最常见的形式——会议、访问、聚会，都是可以提前知道的。这意味着我们有许多时间去思考、衡量甚至担忧即将到来的活动。这个阶段被称为预想阶段。根据将要发生的社交事件类型，焦虑的强度在预想阶段会按不同的速度增长。举个例子，如果你接到上司的通知，需要在这周五的部门会议上做一次简短的报告，你在预想阶段的焦虑感会比只是参加会议的要强得多。很多患者甚至更加严重。有两个因素会影响（你感受到的）预想阶段的焦虑强度：

　　（1）距事件的发生还有多久：令你害怕的社交活动距离现在的时间越短，你的焦虑就越严重，因为焦虑感在预想阶段会增加并累计。

　　（2）与威胁相关的夸张想法：视某个社交活动为即将来临的灾难，预感自己会非常尴尬或非常羞愧，甚至急性焦虑症也可能会突然发作。根据过去的交际经验，预测这次的表现也会十分糟糕，所以更觉焦虑。

　　预想焦虑造成的问题是：在实际社交活动开始之前，它就设定了你会严重焦虑。它让你在一切开始之前就有了挫败感。马丁的预期

> **我们很可能在进入社交情境之前，就已经驱使自己进入了高强度的焦虑状态。认知疗法通过调节焦虑预期来减少预想焦虑。**

焦虑问题非常严重，每当需要和陌生人聊天时，他都会焦虑很久。上周的某个早晨，一个同事走进马丁的办公室，邀请他和办公室的其他

人以及部门新来的员工共进午餐。马丁实在无法推辞，便答应了下来。但整个上午，他都担心不已："我应该说什么呢？我实在太不会聊天了！""要是我太紧张，过分关注自己说了什么怎么办？""其他人会不会注意到我很焦虑，会不会觉得我怪怪的？""上次和同事们出去的时候，我就觉得自己是个傻子，别人谈笑风生时，我就只会傻坐在那里，不知道说什么。"在那次事情之后的好多天，马丁都无法自如地面对任何同事，仍然感到十分尴尬。现在，他的焦虑问题已经太糟糕了，他甚至都无法正常工作了。

2. 社交暴露阶段

正如图 10.1 社交焦虑的认知模型所示，一旦你正式进入一个社交情境中，各种类型的焦虑想法和行为都会争相出现。

负面社交想法

在你进入一个社交情境时，对自己和其他人隐性的负面信念会先被激活。表 10.1 列出了一些社交焦虑中常见的想法。在所有与你有关的想法下面画一条线——它们会是你的认知治疗方案的重要关注点。

有人提醒你即将
开始的社交活动

想到这一社交活动的情境，
便会越发紧张、担忧

预想阶段

社交焦虑持续期延长

社交暴露阶段

焦虑想法
1.觉得别人可能对自己评价不高
2.感到过于关注自己
3.关注负面评价的信号、证据
4.过度批评自己的社交表现

焦虑行为
1.尽力让自己冷静下来，装作不焦虑的样子，但是效果并不好
2.努力给别人留下好的印象，但矫枉过正
3.变得十分安静，什么都不做
4.尽量逃避或者躲开他人

事后处理阶段

（过于消极地回想、评估过去的社交活动）

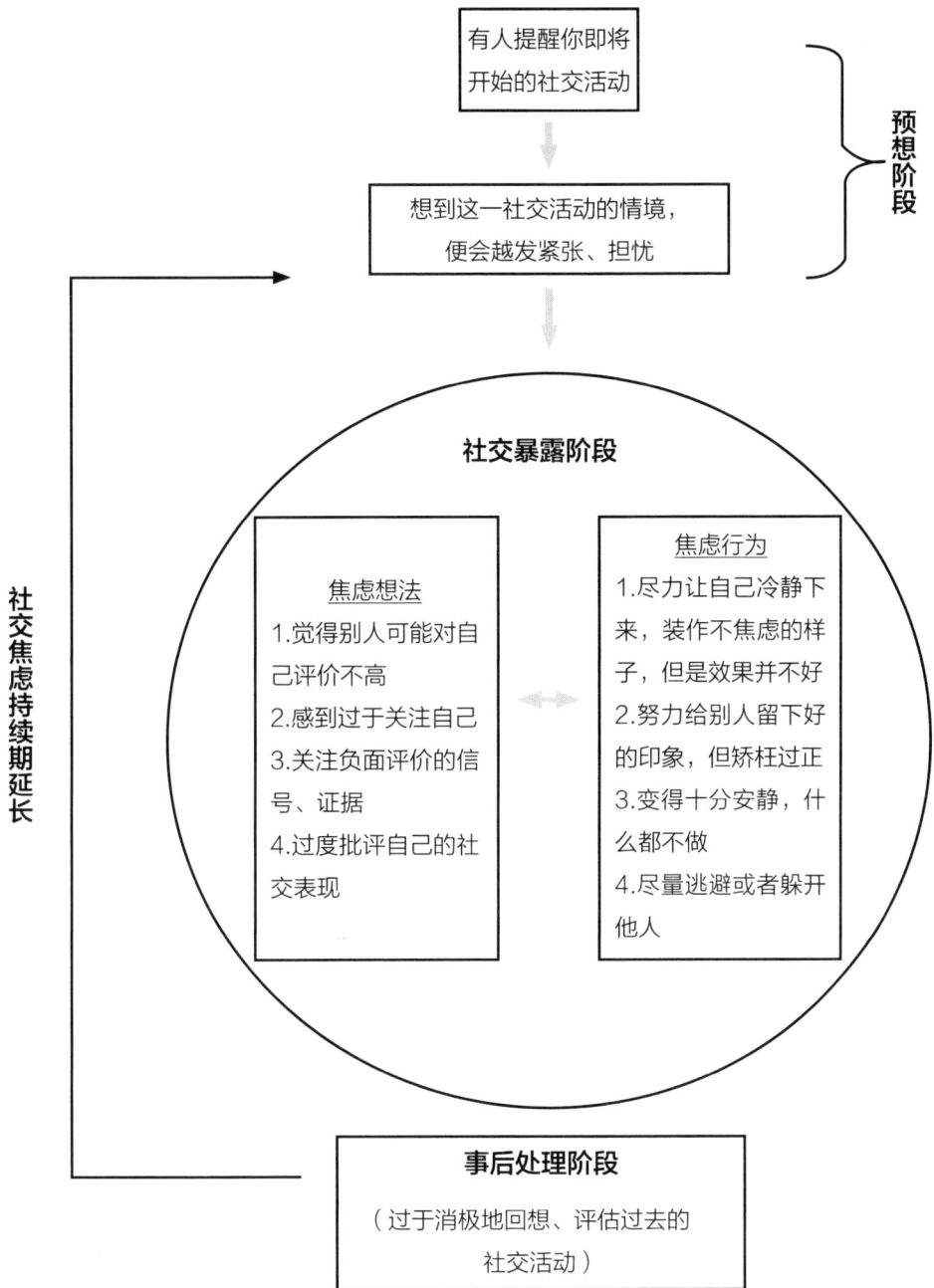

图10.1　社交焦虑的认知模型

表10.1　社交焦虑的典型想法

想法类型	具体例子
对自己的想法	• "我很无聊、待人不友善、无法让旁人觉得有趣。" • "别人不会喜欢我的。" • "我在社交上表现很糟糕，无法融入大家。"
对他人的想法	• "别人会很挑剔。" • "在社交场合中，大家一直评论我、审视其他人、观察别人的任何缺点或者弱点。"
关于不被认可的想法	• "当别人不赞同我时，我会感觉特别糟糕！" • "如果别人觉得我很弱，没有什么竞争力，那就完蛋了。" • "在别人面前感到尴尬，是我人生的灾难。" • "大家不想和我待在一起，他们会把我排除在他们的社交活动之外。"
对表现行为的想法	• "在其他人面前，不能表现出任何弱点或即将失控的征兆，这是十分重要的。" • "在任何社交场合中，我都必须表现得十分自信，让别人觉得我擅长交际。" • "我的谈吐必须幽默风趣，不然就会被嘲笑。"
对焦虑的想法	• "焦虑是软弱和失控的信号。" • "不在他人面前表现出焦虑是很重要的。" • "如果人们注意到我脸红、流汗、颤抖等，他们就会觉得我是有什么毛病了。" • "如果我很焦虑，我就没办法正常参与这个社交活动。" • "我无法忍受在人群中的焦虑感。"

资料来源：《焦虑症认知治疗》大卫·A.克拉克、亚伦·T.贝克 著，吉尔夫特出版社出版。

身处人群中时，马丁的许多想法都会引发焦虑。他确信自己十分愚笨、性格沉闷，但是又觉得自己应该努力融入集体，表现得自信而轻松，最好能给大家带来欢乐。因此，对于他而言，隐藏自己的焦虑似乎是十分必要的——如果大家注意到他紧张，不仅别人会对他的印象变差，他自己也会感到极度尴尬，觉得这次经历真的糟糕透了。"与其要冒着遭遇羞辱和尴尬的风险，还不如尽量躲着别人。"马丁是这么想的。

关于负面评价的想法

如果你对社交感到焦虑，你会自发地认为，其他人会注意到自己的焦虑，对自己的行为做出负面评价，并且认为自己是有什么毛病了。你可能会想象别人的想法："他是怎么了？""为什么他这么焦虑？""他肯定是情绪紊乱了""他说的话也太蠢了吧""他的能力不行，我希望他就这么安安静静地坐着，或者干脆消失算了。"像其他焦虑想法一样，这些对负面评价的认知是自发出现的，并且在高度焦虑状态下，你会十分相信这些想法。而一旦开始这么想了，你的心里也许就剩这些事情了，难以去想别的事情。社交焦虑让你满脑子都是：大家都觉得我很差劲。

偏颇的注意力

当我们在社交场合感到焦虑的时候，我们的注意力也会变得扭曲。首先，我们会完全只关注自己。实验研究表明，社交焦虑症患者会进入极度的自我监控状态，极易对自己的生理症状和情绪感受做出负面的错误解读，从而加剧焦虑问题。你的脑子只关注这些想法：我是不是脸红了，手是不是在抖，自己的言谈是否得体，演讲是很流畅还是磕磕巴巴的，有没有很尴尬。当然，这样严重的自我关注会产生负面影响：

- 放大了焦虑症状以及失控感。
- 令你只关注自己，丝毫没有注意到人们对你的真实回应。
- 损害了你正常的社交能力。

其次，当你对社交感到焦虑的时候，你的注意力会变得狭窄，只关注威胁、尴尬以及负面评价的内外信号。例如你想要发言，但是对此十分紧张。所以，你在发言时会更加关注那些玩手机的、溜号的人。当你已经焦虑的时候，你的注意力会越发集中在可能代表了负面评价的表情、行为或者姿势上，而不是那些支持你、对你感兴趣的人身上。我们的内在感受也是这样的，只注意到了激动和紧张，由此认为自己肯定太过焦虑了，而忽略了一个事实——其实自己的演讲十分连贯、流畅，表现得很好。在认知疗法中，我们教人们如何纠正他们偏颇的注意力，由此减轻社交焦虑，阻止问题的恶化。

自我批评的想法

当你高度注意自己的表现时，你就会很快下结论，觉得自己给别人留下了糟糕的印象，或者被当众羞辱了。你可能会一直评价自己在社

认知治疗高度关注纠正社交焦虑的心态——得到负面评价的假设，不断评价自身行为的倾向，以及觉得在别人面前出丑了的结论。这些纠正方法会减轻你在社交场合中的焦虑感，让你更加自如地表现。

交场合的表现，然后觉得自己就是个可悲的失败者。马丁尤为关注自己在和别人聊天的时候是否会脸红。他对闷热感、面色潮红变得十分在意，只要一脸红，他马上就会把注意力从正在进行的话题中转移过来。他会觉得脸上的红晕越来越显眼，别人肯定都在看他，所以他讲话越来越不连贯、表现得越来越笨拙。他很快下结论：自己真的太困窘了，肯定给别人留下了糟糕的印象。

试图减轻、掩饰焦虑的行为

你可能已经试过无数种方法来减少自己的焦虑感，或者至少在别人面前掩饰焦虑。你可能会避免与别人四目相对，四肢用力以控制身体的发抖，怕别人看到自己出汗而多穿衣服，化浓妆盖住脸红，或者像马丁那样，提前背好在社交场合上要说的话。可惜的是，某些为了安全感而做出的行为，实际上反而让你更加吸引别人的注意力。某位女士觉得，深呼吸会让自己冷静下来。殊不知，她的呼吸声太响了，离她好几步远的人都能听见，所以别人会更加注意她，甚至会想这个人是不是哮喘发作了，还是有别的紧急情况。

过度的行为

当你努力克服社交技巧上的缺陷，试图给别人留下一个好印象时，你是否觉得自己做得太过了？你可能偶尔会努力让自己变得幽默、表现得睿智或者友善，但是情况相反，别人对你的印象努力冷静下来、试图掩饰焦虑、补救社交时的尴尬、完全压抑自己，这些都会造成你最害怕的事情发生——负面的评论和困窘的境地。认知治疗以纠正这些应对策略为重点，让人际交往不再加剧你的焦虑，而是减轻焦虑。

反而不好了。马丁意识到自己在聊天时会低着头,所以他努力想纠正这个毛病,变成直勾勾地盯着别人,却让旁人觉得不舒服了。

社交压抑以及逃避

预想进退维谷的处境,会让你在人群中压抑自己。你可能觉得,自己表现得十分僵硬、呆板。你可能不知道该怎样表达自己的想法,觉得自己总是结结巴巴的。如果你曾有过这种感受,那么你应该知道,这种感觉特别真实,就像最恐怖的事情真的发生在自己身上了一样。在这种情况下,你自然会极力逃避。马丁决定坚决不开口,因为他觉得自己说的每一句话好像都不对。实在需要参与社交活动的时候,他也会尽可能少说话。

3. 事后处理阶段

从很多方面来讲,社交焦虑就是"后患无穷"的。尽管你在离开令自己焦虑的社交场合后,焦虑感可能会得到缓解,但这种缓解通常只能维持一小段时间。很快你就会发现,自己不断地回想这次社交的情形,一遍一遍地分析——"我表现得怎么样?""我有没有说什么愚蠢的、粗鲁的或者令人尴尬的话?"并且试图回忆起人们的谈话,看自己留下的印象是好是坏。但是这种事后的想法十分苛刻:你一直自省这次见面是不是很丢脸,而你越是回想这个问题,你就越会发现有更多的蛛丝马迹证明自己就是很丢脸。事后阶段通常会持续好几个小时,甚至很多天,具体时长要视社交活动的重要性而定。大多数时候,你会独自一遍又一遍地回忆和反思,但是有时候你也会向好友和家人寻求反馈。通常,在患有社交焦虑症时,不论别人觉得你有多好，你最终都会认为"这次我做得十分糟糕，我让自己陷进了尴尬的境地，所有人可能都觉得我是个彻头彻尾的笨蛋"。而最终的结果呢？你的社交焦虑不断加剧，持续的时间也越来越久。

事后思考是造成马丁社交焦虑的一个重要原因。他可以花好几天的时间反复分析自己某次跟某个同事的聊天，回想那位同事是如何回应的。他想得越多，就越相信自己的焦虑已经完全展露

> 在社交焦虑中，重温你所认为的曾令你尴尬的社交遭遇，是一种选择性的、带有高度偏见的方式，会导致你对羞耻和尴尬的过度感知。由于这一过程是造成社交焦虑的一个关键因素，它也因此成为认知疗法要改变的一个重要目标。

在别人面前。自己的话说得断断续续的，别人都无法理解，肯定会觉得自己情绪紊乱。他有时发现自己会竭力避开某个说过话的同事，每次偶遇的时候，他都特别尴尬。有时，马丁甚至觉得这个同事会跟别人讲起自己与他有过的奇怪对话。

你的"社交焦虑档案"

克服社交焦虑的第一步，就是充分地了解和认识自己的问题。一旦明白了你是如何让自己在社交场合极度焦虑的，你就能够做出重大改变，最终减轻焦虑。接下来，你需要根据图 10.1 社交焦虑认知模型，建立自己的"社交焦虑档案"。

第一步：建立情境和目标的层次表

运用第七章的暴露层次表（工作表 7.3），写下大约 20 个让你感到焦虑的社交情境。从让你感到轻度不适的到导致你严重焦虑的，确认你记录了所有等级的社交活动。同时，挑选出发生频率不同的情境：每天都发生的、每周发生的以及较少发生的。例如做演讲可能是你所想象的最容易引发焦虑的情境，但是除非你的工作需要公众演讲，不然你可能没什么机会进行演说，因此应该把它从你的层次表中剔除出去。在建立好你的情境列表之后，按照最难触发到最易触发焦虑的顺序排列各个情境。我们会在本章稍后的内容中用到这些情境。

在开始解决社交焦虑问题之前，首先你要弄清楚自己的目标是什么。你希望从本章中收获什么？你希望在社交场合中如何感受，做出怎样的行为？你希望如何进行社交活动？运用你在层次表中列过的重要社交情境，在工作表 10.3 中简要描述，你希望自己在这些情境中如何表现以及有何感受。这些都将成为你治疗项目的特殊目标。

第二步：估计你的预期焦虑

回想一些最近发生的与社交焦虑相关的经历（或者参考你在工作表 10.5 中记录的内容），并且在工作表 10.4 中写下你在事件发生前（以小时、天、周为单位）的焦虑等级。你也应该在表格中记录下，随着事件的临近，焦虑是否愈加严重，以及你对临近事件的看法——你担心什么事情会发生，其他人会对你有怎样的反应，或者你会如何感受、行动，你预期自己能够在多大程度上处理好这种情况，以及你

工作表 10.3　个人社交改变目标

　　提示：从你的层次表中选择4~5个会引起轻度到重度焦虑问题的社交情境，确保这些情境对维系生活品质而言是至关重要的。在左边一列写下这些情境是什么，然后在右列记录一下，如果你的焦虑水平很低，期待自己在这个情境下如何感受、行动以及思考。在这些情境中，什么才是以你的水平应该能够达到的现实目标呢？这些会成为你的治疗目标，帮助你判断自己在认知疗法中取得的进步。

社交情境	社交表现的目标
1.	
2.	
3.	
4.	
5.	

资料来源：《焦虑与忧虑手册》大卫·A.克拉克、亚伦·T.贝克 著，吉尔夫特出版社出版。

工作表 10.4 预期社交焦虑分析

产生预期焦虑的情境 写下任何触发预期焦虑的事情	焦虑的严重度 （0～100分） 以及持续时间 （小时、天、周等）	预期的威胁 你觉得会发生什么事情呢？ 你想象中的最糟糕的事情是 什么？	回忆过去 你是否曾想起过去发生的某个相 似的社交活动？这个社交活动 是否令你高度焦虑和难堪？
1.			
2.			
3.			

资料来源：《焦虑与忧虑手册》大卫·A.克拉克、亚伦·T.贝克 著，吉尔夫特出版社出版。

工作表 10.5 监测你的社交焦虑

日期: _____ 至: _____

提示: 用以下表格记录与焦虑的社交情境相关的日常经历, 这些情境可能包含了一些你自己的表现、别人的评价以及/或者人际互动。请在社交活动结束后立即完成这份表格, 以保证准确度。

日 期	令你焦虑的社交情境描述 发生了什么? 涉及哪些人? 在哪里? 你的角色是什么?	预期焦虑的等级 (0~100分)	事情发生时的焦虑等级 (0~100分)	在社交事件发生时的主要焦虑想法 (例如: 对他人评价的消极想法、自我评判和灾难化思维)	事后的焦虑 和尴尬等级 (0~100分)

注: 将焦虑等级按照从 0 ("不焦虑") 到 50 ("中等焦虑") 再到 100 ("极度焦虑, 甚至恐慌") 评分。无论在预想阶段还是暴露阶段, 每次急性焦虑症发作都用 PA (psychological assessment, 心理评量, 即采用科学的方法与工具将个体心理和行为进行数量化的过程) 标记下来 (可参考第九章急性焦虑症的定义)。在最后一栏, 将事后尴尬等级从 0 ("不尴尬") 到 100 ("人生中最尴尬, 最羞耻") 评分。

资料来源:《焦虑症认知治疗》大卫·A.克拉克、亚伦·T.贝克著, 吉尔夫特出版社出版。

自助练习10.1
记录下你的社交互动

在认知疗法进行的过程中，用监测社交焦虑的表格（工作表10.5）记录下自己的社交活动。每次令你焦虑的社交活动结束后，马上完成这个表格。记录不同情境中的遭遇，会揭示你在这些情境中的社交焦虑。通过自我检测表，你会训练自己识别出加剧焦虑的想法和处理方式，以及减少焦虑的有效措施。

在填表的过程中问问自己：

负面评价想法："我害怕在场的其他人会对我有什么想法？""他们可能会对我有哪种负面想法或者评价？""别人对我最糟糕的想法可能是什么？""我对其他人的评价是怎么想的？"

在社交中，对威胁性线索的偏好关注："我关注到的其他人的哪些方面让我更加焦虑（例如：面部表情、行为、言语回答）？""这个社交情境的哪些方面吸引了我的注意力（例如别人看着我的方式）？"

过度的自我关注："我是不是太过关注自己了？""我对自己的关注包含哪些生理感觉、想法或者行为？""在这个社交场合中，我最关注自己的哪个方面？"

消极的自我评价："我是不是过度分析了自己的行为举止？""在这个社交互动中，我是如何看待自己的表现的？怎么看待自己给别人留下的印象？"

> 掩饰焦虑的想法："我是否应努力不让别人知道我的焦虑？""有没有某个焦虑症状是我特别想在别人面前隐藏起来的（例如：脸红、流汗、颤抖）？""我成功掩饰了自己的焦虑吗？"

在过去的相似事件中有过的想法是否会再次产生，是否会再次感受到困窘。

第三步：识别你在社交活动中的焦虑思维

你对自己、他人以及焦虑的看法将决定你是否会焦虑，以及焦虑的轻重。因此，发掘你在真实社交活动时的思维是十分重要的。

第四步：识别自己社交焦虑时的自动处理过程

回顾工作表 10.5，你会认识到社交场合中的不当想法是如何加重焦虑的，在一张空白纸上，根据以下要点，写下你在焦虑的社交情境中是如何应对的：

●寻找安全感的行为："我应该如何掩饰焦虑，或者让自己表现得很正常（例如：回避目光接触、喝很多水、在说任何话之前都先在心里预演一遍，等等）？""在这个社交情境中，我怎么做才能让自己不那么焦虑（例如：深呼吸、避免和他人见面、喝酒，等等）？"

●失败的印象管理："我所做的事情是不是为了给别人留下一个好

印象？如果是的话，这些表现有多成功？比如为了留下好印象，我是不是说了太多关于自己的事情？微笑和点头是不是做得太多了？"

●压抑的行为："在社交场合中，我是不是过度压抑自己，或者表现得很笨拙？""我做了任何会让自己难堪的事情吗（例如：说话结结巴巴、很难找到合适的话语表达、讲话打结）？"

●回避或者逃跑："我是不是总想要避开人群？""我是不是说得太少了，或者离开得太早了？""在聚会的时候，我应该坐在哪个位置才能让别人不会注意到我呢？"

第五步：对你的事后处理进行分析

"社交焦虑档案"的最后一部分关注的是社交经历后的一段时间。你会反复回想过去的社交经历，弄清你反思的实质问题和程度十分重要。表 10.2 以事后反复回想的关键点为根据，列出了一系列相关问题。写下你对这些问题的回答，描述你在社交之后的担忧是什么。重要的问题是：你是如何回想过去的社交经历，才会确认自己非常难堪和尴尬的？

在治疗社交焦虑的三个阶段（预想阶段、社交暴露阶段和事后处理阶段）中，个人"社交焦虑档案"将作为你的指导，为你指出你的社交焦虑有哪些方面需要改变。

表 10.2　**社交经历的事后反复回想调查**

元素	调查问题
重新评估最近一次的社交经历	• "为什么我越来越确定人们对我的评价很负面？" • "自己的行为或者言语给别人留下了糟糕的印象，对此我是怎么想的？" • "在我的心中，什么事会让我确信自己受到了羞辱或者感到了尴尬？" • "对于人际互动中受到的挫败感，我是怎么想的？" • "回顾一下，焦虑有多么让人无法忍受？我会不会再次遇到相似的情况？"
关于令你难堪的社交经历的记忆	• "我会回想令自己尴尬或者特别焦虑的经历吗？会的话，哪种情境是我总能想起的？" • "我特别在意这些记忆的哪些部分？是别人的反应、我自己的行为，还是我糟糕的情绪？" • "这些尴尬经历造成了哪些长期后果？" • "当我回想起这些事情时，我是在想象，还是在真实地回忆？"
反复回想	当我回想某次见面时，我会不断地分析以下内容： • 我有多么焦虑？ • 我是否行为不当，表现粗鲁、无礼？ • 别人是否能察觉到我的焦虑？ • 我是不是真的无能、让人感觉无趣、表现得十分笨拙？ • 我有多被人忽视、不被认同？ • 被别人严厉批评的例子

转换消极的预期想法

在社交焦虑中，认知疗法的核心是学会纠正核心恐惧，而核心恐惧的特征是负面想法和信念。你可以将第六章的认知方法运用到令你焦虑的社交情境中，尤其在预期和事后处理阶段，这些方法会非常有用。学会纠正这些阶段的焦虑思维之后，你自然会懂得如何在实际社交情境中运用认知疗法。

如何看待马上来临的社交活动，决定了我们是否会提前紧张或者焦虑。把未来的社交事件想成一种灾难，只会让事情变得更加糟糕。夸大社交威胁会触发严重的焦虑感，并且让你在一切发生之前就已经灰心丧气。因此，纠正这种灾难化思维，是减少在社交场合的预期焦虑的关键，也是构建自信心的关键。

首先，找到三个令你感到中度焦虑的社交活动。在下面表格的空格中，写下未来一两天内、一个星期内、几周以后可能发生的、但你现在已经因此焦虑的社交事件（回顾工作表 10.4 的内容，回忆相关社交情境）。

未来一两天内会发生的社交情境：＿＿＿＿＿＿＿＿＿＿＿＿＿

＿＿＿＿＿＿＿＿＿＿＿＿＿＿＿＿＿＿＿＿＿＿＿＿＿＿＿＿＿

下个星期会发生的社交情境：＿＿＿＿＿＿＿＿＿＿＿＿＿＿＿

＿＿＿＿＿＿＿＿＿＿＿＿＿＿＿＿＿＿＿＿＿＿＿＿＿＿＿＿＿

几周以后会发生的社交情境：＿＿＿＿＿＿＿＿＿＿＿＿＿＿＿

＿＿＿＿＿＿＿＿＿＿＿＿＿＿＿＿＿＿＿＿＿＿＿＿＿＿＿＿＿

接下来，运用第六章的威胁评估日记（工作表 6.2），确认在即将发生的社交情境中，你最焦虑的想法是什么。试着回答以下关于预期想法的问题：

● "我觉得在这个情境中可能发生的最糟糕的结果是什么？"

● "在这个情境中，我觉得最糟糕的感觉会是什么样的？自己可能做的最糟的事情是什么？"

● "我害怕会发生哪些灾难（社交威胁）？"

● "我如何判断这个坏结果的可能性和严重性？"

● "我是不是在对自己说，别人觉得我很糟糕、我无法处理这个情境、我会焦虑到崩溃呢？"

马丁在周末将参加一次部门会议，他需要在这个会议上做一个简短报告。几天以来，他因这次会议越来越焦虑。他的预期焦虑想法包括：每个人都会看着他，会注意到他脸色发红，他们会觉得"可怜的马丁——他这么焦虑，肯定有什么问题了"，接着他会开始结巴，不再冷静，感到极度尴尬。他想起上次做报告的情形，会议之后的好几天内，他都感到十分难为情。

然后，运用第六章的收集证据表格（工作表 6.3）来评估你的预期焦虑想法。有没有任何证据表明你想得过于严重了？焦虑真的那么令人难以忍受吗？这个事情是不是如你认为的一样——让生活天翻地覆？你有没有将这件事情想得过于严重（例如这件事完全是你的错，别人对你的看法将彻底改变）？在即将发生的社交活动中，你也可以运用表 6.4 来评估严重焦虑的短期和长期结果。你是否夸大了某个社交活动的重要性和后果？

马丁通过工作表 6.3 和工作表 6.4 了解到，他确实夸大了社交威胁的程度和部门会议的重要性。是的，他的确会感到紧张，但是他可以克服。其他人也要做报告，所以会议不是围着他一个人转的。同事们知道他在公众场合讲话时会焦虑，所以就算他讲得有点儿结巴，他们也不会在意的，过一会儿或过几天也就忘记了。他们不会因为马丁过去的焦虑而一直戴着有色眼镜看他。显然，他们并不像马丁想象的那样关注他的焦虑。

评估完预期想法之后，请用替代性解释表格（工作表 6.5）寻找一个更加平衡、现实的替代视角来看待社交活动。工作表 6.5 让你思考最糟糕的结果（例如"我会让自己蒙羞，人们会觉得我什么都不会干"），最渴望的结果（例如"我完全放松，充满自信，给人们留下了深刻的好印象"），以及最可能发生的现实结果（例如"我的焦虑程度还可以，我完成得还可以，人们很快就会忘了这件事"）。你应该针对这些方面列出证据，来决定哪种结果最有可能发生。

纠正想法的最后一步，是建立一个修正后的"正常焦虑卡"（请见第六章的第八步）。你应该如何思考即将来临的社交事件？马丁针对星期五部门会议的"正常焦虑卡"如下：

我必须做一个 10 分钟的演讲，介绍新的移动设备同步项目给公司的新同事。对于这个演讲，我会觉得有些焦虑。我的脸会发红。我可能会觉得闷热，甚至会有点儿结巴，可能做不出会议的最佳展示。但是，我还是可以展示出主要的内容。我注意到，其他人在做展示的时候也很焦虑，但是生活还是一样继续。我的公开演讲对于同事而言，并没有我想象中的那么重要。在我展示的时候，他们都知道我会紧张，但是这并不影响我们的关系。以前，我做过的最丢人的、最不当的事情也只是感到严重焦虑。我可以把自己要说的话写下来，练习演讲，学着在非常焦虑的时候也能讲出话来。如果别人问了一个我答不出来的问题，我可以先写下来，在得出答案后再告诉那个人。因此，底线就是我会感到焦虑，但是我仍然能够完成这次展示。这个事情不会有什么后续影响，也不会改变同事对我的看法。更积极地讲，它给了我一次机会，让我练习自己的公开演讲技巧，并且得到了提高。

自助练习10.2
纠正消极的预期想法

运用工作表6.3、工作表6.4和工作表6.5，评估并纠正与（即将发生、一周内发生、很久以后会发生的）社交事件相关的预期性焦虑想法。给每个社交事件都分别做一张"正常化卡片"。在整个预期阶段中，不断完善卡片上的内容，详细阐述不同的观点。用这种方式，你会纠正自己夸大的预期性焦虑想法，降低焦虑水平。但是，仅仅做一张卡片，然后就忘记这件事了，这是绝对无法进步的。每当焦虑时，你就必须不断回顾"正常化卡片"上的内容，这样你才能真正纠正预期性焦虑想法。

● **疑难解答小贴士**

即使已经纠正了与未来的社交活动有关的夸张想法，有些人在预期阶段仍然不知所措，不知道怎么想才是最恰当的。你的亲朋好友都会因尚未发生的事件（例如：求职面试、与陌生人的晚宴等）而感到焦虑，找一两位朋友或亲人问一下，他们对此是怎么看的呢？他们可能会给你一些灵感。同时，正常的替代想法一定会包含一个事实：你在这个活动中会感到焦虑。参加活动时，总是说服自己不会焦虑，这并不能帮助到你，因为这个期望并不现实。

纠正消极的事后想法

回顾过去发生的社交经历会对你现在的社交焦虑水平有重要影响，因此，纠正社交经历的事后想法是十分重要的。在某一个社交事件发生之后，你会一直回想吗？你还会常常回顾这些事情，试图想明白它们是否有你想的那么糟糕、尴尬？你有没有再三安慰自己，事情其实没那么糟糕，但是出于某些原因，你似乎没办法说服自己？你最后有没有更加确认，自己是真的搞砸了，对自己处理人际关系的能力也没那么自信了？

如果你对很多问题都回答"是"，那么事后处理阶段也许是你害怕社交情境的重要原因。在接触实际的社交情境之前，处理好社交焦虑

在你真正开始从事社交活动之前，就要开始使用有助益的方式处理社交焦虑。通过纠正引发焦虑的想法来应对预期的焦虑，这是为未来的社交状况做好准备的最好方法。

循环（请参考图 10.1 社交焦虑的认知模型）的这一个阶段是十分关键的。对于很多人来讲，事后处理（反复回想）关注的是过去经历中创伤性的羞辱和困窘，以及近来社交场合中的焦虑经历。

第一步：识别过去的和最近的创伤经历

在下面表格的空格中，写下 1 ~ 2 次过去发生的创伤性社交经历。每当想到自己的社交焦虑问题时，你就会首先想到这些经历，它们应该是你的社交焦虑中最糟糕的经历。这些事情也许是最近发生的，也可能是好多年前发生的，甚至是在儿童期或者青春期发生的。这些社交事件是"我身上发生过的最糟糕的事情"，通常涉及高度的难堪、丢脸甚至羞耻感。

最能触发你的焦虑感或者令你尴尬的过往社交经历是：
_____
_____
_____
_____

现在，写下你总是忘不掉的某个最近发生的社交经历。这些事情可能并没有如"最糟糕的社交经历"那么极端，但是也涉及焦虑问题。你总是回想这些事情，试着弄清它们是否有你想的那么糟糕，或者你为什么对此这么焦虑。重要的是，这件事是最近发生的，你至今（甚至几天后、几周后）仍在对它耿耿于怀。

最近发生的社交经历：

_____

_____

_____

_____

对于最具创伤性的社交经历，马丁写的是九年级课堂上的一次演讲。他说，这是自己一生中最糟糕的一天。他是如此害怕，甚至身体都在不受控制地发抖，讲话也结结巴巴。他注意到一些同学在偷偷嘲笑自己，老师也在他演讲到一半的时候就叫停了，让他回到自己的座位上去。每次想到自己的社交焦虑问题时，他都会回想起那次糟糕的经历。马丁写下了工作中发生过的事情，例如：当和同事吃午饭时，会担心自己是不是说了什么蠢话，或者在上司面前做简短报告时，转身便想着自己是不是表现得能力不足，或者没有准备好。

一旦你找出这些事后仍令你念念不忘的社交活动，接下来你要做的就是用更具建设性的方式处理这些过去的记忆。让我们先从最近发生的社交经历开始。目标是确定你是否将某个经历的负面影响想得过于严重了，然后学着将记忆去灾难化，这样你的思维会更加合理、更符合现实情况。再强调一次，我们运用收集证据以及为结果寻找替代性视角的方法，来纠正你关于最近发生的社交活动的记忆。以下三点是你需要关注的：

1. 其他人对你的评价是否真的如你记得的那样糟糕？

2. 你的焦虑和社交水平是否真的像你想象的那么差？

3. 你有没有夸大某个经历的重要性和长期影响（你是否将这个经历灾难化了）？

第二步：为负面评价收集证据

运用收集证据表格（工作表6.3）确定某个社交场合中的人们是否对你做出了负面的评价。在脑海中回想当时的情景，并且写下任何你认为是消极评价的话语、非言语性的表情或者行为。现在，重新评估你的记忆，然后尽量想一想，哪些表现和事实表明别人可能对你的印象非常好？将这些迹象写下来。如果想不起来，也可以写一些中性印象的证据。你应该问问当时也在场的某个朋友，看看他 / 她所观察到的、别人对你的反应是怎样的，但是你也要注意，不能对他人的安慰"上瘾"。以下是在练习时你需谨记在心的三个要点：

1. 赞扬是短暂的。 我们对别人的看法时时刻刻都可能改变。因此，想要赢得他人永远的、一成不变的正面评价是不可能的。这种时刻都在发生的改变也会根据每个人的心情状态、所处情况以及其他因素而变化。

2. 人们是变化无常的。 在社交场合中，你真的觉得"所有人都觉得你很好"这件事是可能的吗？如果你说，"不，当然不是。"那么有多少人对你留下好印象，才能让你自我感觉良好呢？是不是要大部分人，比如51%？大多数社交恐惧症患者对人们的评价都抱有不切实际的幻想。即使在场90%的人都对你印象很好，但对你来说，可能那一两个印象不好的人会比所有这些积极印象都来得重要。你是不是太过在意那一两个有负面印象的人了？在这个社交情境中，是不是有更多的人对你有好印象或者不好不坏的印象（例如觉得你亲切）呢？

3. 真实的评价被隐藏起来。我们很少告诉别人，自己对他们的真实想法是怎样的。我们可能通过微笑、点头或者跟别人对视，让他们觉得我们很感兴趣。但是在心里面，我们可能会这么想——"太无聊了！我希望她别再说下去了""他怎么可以这么愚蠢"。事实便是如此，我们永远无法确切得知他人对自己的真实想法。我们不会到处告诉别人，自己对他们的真实评价是怎样的。如果我们这么做了，生活可能会变得无比混乱和压抑。因此，人们往往会对别人保留自己的确切评价。也就是说，你是永远无法得知某个人是怎么想你的。别人对我们的真实想法就是一个空白格，我们总是在空白格中留下我们个人的猜想。而社交焦虑的问题在于，我们总是猜测他人对自己有负面的想法。

将这三点牢记于心，有什么证据能表明社交情境中的每个人都对你印象很差呢？有什么证据能打消你的消极想法？这些证据能证明你在夸大别人对你的恶意评价吗？

第三步：检验证明自己表现不当的证据

如果你患有社交焦虑症，那么当你回想起最近的社交经历时，你可能会放大其中的焦虑感，并且更加关注自己低效的、不佳的，甚至令人难堪的社交表现。如果你觉得自己在某个场合的表现令人无法忍受，惹人侧目，那么再一次运用工作表6.3，检验有哪些证据能够支持或反驳这个观点。在你回想起这个情境时，你是不是太过关注焦虑症状了？有没有任何证据表明你对焦虑的控制比想象的要好？写下任何迹象说明其他人注意到了你的焦虑（例如任何意见或者注视），以及其他证据表明他们可能并没有注意到或者并不在意你的焦虑。你从中学到了哪些处理方式，可以用在相似的社交情境中？下次你应该做出什么改变？

第四步：不再把印象当作灾难

第三个需要强调的问题是，你是否夸大了社交经历的影响或者长期结果？运用成本—效益分析表（工作表 6.4）的上半部分来评估社交经历的影响力。让我们一起假设这个社交情境的确是个噩梦，你在这里会显露出极度的焦虑，大部分人都觉得你表现不好、能力不足或者在某些方面有缺陷。这给你的生活带来了什么改变？你的同事、朋友或者家人对你的态度有什么改变？如果这种难堪是在陌生人面前发生的，你的生活又会有怎样的改变？你需要分清社交焦虑的结果并不是社交事件本身的结果。现在，我们只需要关注事件的结果。除非是工作面试或者其他评估性情境，否则我们留给他人的印象并不会产生很大的影响。当我们在日常的社交情境中感到难堪或者焦虑的时候，真实的结果通常是微不足道的。问题在于，社交焦虑症患者常常认为所有的社交情境（例如随意的一次谈话）都像"非生即死"。而这种夸大社交事件重要性的倾向会让焦虑愈加严重。成本—效益分析工作表是重新检验某个社交事件重要性的好工具，能够帮你看清社交事件的本质：这仅仅是一些日常发生的人际互动而已。

第五步：做替代性解释

你已经重新评价了过去发生的某个（或某些）社交情境，并且知道你在这个情境中最糟的想法是什么，现在是时候对这个事件进行更加真实的描述了。什么才是回顾某次社交经历的最佳、最现实的方式呢？关注以下两点：

● 重新理解这次社交经历。

● 从这次社交互动中有所学习，这样你在未来相似的社交事件中就可以有不同的行为和想法。

在寻找替代性解释的时候，关注事实是很重要的。注意，我们说的是基于证据的事实，而不是你的感觉。你可能对这个情境很焦虑，但是在找寻新视角时，切记要坚持以真实发生的事情为基础。关于别人对你说过的话或者做出过的反应，以及你在某一社交情境中真的做了什么，你都记得哪些细节？基于这些内容，利用工作表10.6重新评估过去的社交焦虑经历，思考是否可以用其他视角对其进行描述。

一旦你利用某些近期发生的社交事件完成了与事后回想相关的练习，针对你记忆中最具创伤性的社交事件，重复步骤1～5。你可能会发现很有难度，因为这件事可能已经发生很久了，或者可能与很多其他复杂的情绪纠结在一起。尽管如此，你还是要对这件事情有一个新的理解。一旦有了新的观点，你就可以在练习时为过去事件的焦虑

工作表 10.6 重新评估过去的社交焦虑经历

提示：基于收集的证据和成本—效益分析练习，简要描述一个能够更加符合现实、更有建设性的解读（或理解）社交经历的替代性视角。首先，记录下你记忆至今的某次社交经历，以及自动产生的、最令你焦虑的记忆。其次，做出一个更具建设性的替代解释，并且列出你能从这个经历中学会什么。

1. 描述过去的社交经历：_____

_____

2. 对这个情境最初的焦虑解释：_____

_____

_____

_____

_____

3. 这个情境的建设性替代解释：_____

_____

_____

_____

_____

4. 我从这个情境所学到的：

a. _____

_____

b. _____

_____

c. _____

_____

资料来源：《焦虑与忧虑手册》大卫·A.克拉克、亚伦·T.贝克 著，吉尔夫特出版社出版。

马丁对过往社交焦虑经历的重新评估

1. 描述过去的社交经历：
我一直想着上星期和老板（史密斯先生）的见面，担心自己的表现并不好，会给他留下不好的印象。

2. 对这个情境最初的焦虑解释：
我很难清晰地表达自己的想法；我知道他注意到我脸红了、手在颤抖、表达得不好。他可能在想我是出什么问题了，为什么我会这么紧张。他问了很多问题，可能是因为我之前没有说清楚吧。我好难堪。他可能会质疑我的工作能力，怀疑我是否有能力继续做这份工作。

3. 这个情境的建设性替代解释：
他可能确实发现了我很紧张，但是他早就知道我很害羞，容易焦虑。他交代了其他的工作，还一直询问我的意见。他确实理解了我所说的话，不然是问不出这样的问题的。自见面后，他对我的态度和行为始终如一，仍然给我任务，问我问题。因此，很明显地，他并没有认为我能力不足。他仍然觉得我的能力很强，甚至很有天赋，也是个好人，只不过我还是有焦虑问题。很有可能，他比我还更能接受我的焦虑。

4. 我从这个情境所学到的：
a. 预料到自己在社交情境中会产生焦虑感，接受焦虑，治疗焦虑，而不是不让别人知道它，或者压抑它。

b. 减慢说话的速度。在焦虑的时候我容易加快语速，因为我想赶紧说完；但是这会让结果更糟糕，人们更难理解我说的话。

c. 下一次见面之前，提前向史密斯先生询问会议的目的。写下几个我可以在会议时参考的要点。

记忆寻找一个更加平衡的替代解释。焦虑感会慢慢平息，你将会重新拥抱自信，以更好的心态迎接未来的社交活动。这个方式能够更有效地减少事后的反复回想，减轻焦虑。

自助练习10.3

纠正消极的事后思维

选择一件最近发生的社交经历以及任何让你不断烦恼着的创伤性社交活动。按照之前描述的五步方法进行练习。用你的认知考量结果对过去的社交经历做一个更加现实的、建设性的解释。每当你开始回想已经发生的社交经历时，拿出你的工作表 6.3 以及工作表 10.6，来优化替代性解释。写一写为什么替代性视角是理解这些遭遇最合理的方式。练习用更加现实的解释来取代你的焦虑记忆。

事后处理是马丁的一大社交焦虑问题。在马丁填写的工作表 10.6 中你会发现，请注意，马丁的替代性解释并不仅仅是更加积极了，而且对这个情境做出了更为现实（甚至是最符合现实情况）的解释。每当马丁开始担忧他要对上司说的话时，他就拿出工作表 10.6，并且写下能够证明替代解释更为合理的证据，以及为什么他应该关注这个解释，而不是关注不切实际的焦虑想法的原因。

● **疑难解答小贴士**

有时候，因为最近的社交事件太令你焦虑了，以至于你一整天都会反复回想发生过的事情。如果你出现了这样的情况，不要试着压抑或者控制焦虑感。让焦虑感在你做日常事务的时候渐渐减弱，自然地减退。你记得那个社交活动中发生了什么事？迅速记下，然后晚上在家里计划用 30 ～ 60 分钟来进行忧虑治疗。拿出你在白天记录的事情，然后用它们践行前面所讲的五步方法。

处理社交中的挑战

在前面的认知练习中，想必你已经学会了如何处理社交焦虑的事前／事后思维。现在，你需要走进社交的世界，收集证据以证明，很多令你焦虑的社交场合其实并没有你想的那么有威胁性。不断地练习参与社交情境，和别人交流，这是治疗社交恐惧症的重中之重。你可以回顾第七章的内容，开始改变自己的行为。

在认知疗法中，我们使用证据收集和成本—收益分析，寻找可替代的视角来减少负面的事后处理。但仅有这些是不够的，你也需要把自己暴露在新的社交环境中，利用认知疗法得出的证据来挑战焦虑思维，并强化你的改变。

行为方面的改变可以减少你的社交恐惧，并且改善你与他人的交流与沟通。这些改变包括以下四个任务。

第一步：制订社交行动计划

克服社交恐惧的具体步骤包括鼓足勇气，让自己暴露在焦虑的根源之下——你在人群中感受到恐惧。我们已经不断地在强调，把第七章的行为方法运用在你所惧怕的社交情境中，是社交恐惧的认知疗法的必要部分。

自助练习 10.4
制订并且实施社交行动计划

如果你在第七章的暴露层次表（工作表 7.3）中填上了所有需要练习的情境，那么请你先回顾一下这张表格里的内容，这是建立"社交焦虑档案"的第一步（如果还没有完成工作表 7.3，你应该先完成它，再进行下一步）。选择暴露层次表的倒数第三个或者倒数第四个情境——这个情境会触发轻度到中度的焦虑，并且在一个星期内至少发作两到三次。接着，运用第七章讨论过的制订有效暴露练习计划的五步方法来建立相应的暴露练习计划。工作表 10.7 中有记录社交焦虑暴露计划的表格。

马丁选择了"在茶歇时间加入同事们的闲谈中"作为自己的第一个暴露任务。在工作表 10.7 中，马丁写下了这项暴露任务的详细情况："在早上十点半的茶歇时间，和同事们坐在一起，多听听大家在聊什么；至少维持 15 分钟，而且保证一周至少参加三天。"他发现，自己需要注意的典型焦虑想法是"所有人都在盯着我看""他们会注意到我的脸红了""他们可能会觉得我是个废物，因为我什么话都讲不出来"。为了纠正并且摒弃这种思维，马丁写道："这些人已经对我非常了解了，所以不管我在茶歇时间说不说话，他们对我的印象都不会改变太多。""保持安静，几乎不讲话——办公室里也有其他像我这样的人。""就做我自己好了——一个安静的、有些紧张的人——因为所有人都已经差不多了解我了，他们好像也能接受我；在这方面我实在没有什么好失去的了。"对于寻找安全感的行为，马丁提醒自己需要多多练习和别人的眼神接触，并且不要低着头看地。他也决定要把水壶放在办公室的隔间里，这样他就可以在喝咖啡时多跟他人接触。关于有效的处理方法，他会把注意力集中在他人的谈话内容上，试着注意其他人是否只管自己，讲话前多次放松呼吸，穿更加舒适的衣物，因为他知道自己在焦虑时会感到闷热。

写完详细的暴露练习计划后的一个星期内，马丁参加了至少三次茶歇。在暴露练习表格（工作表 7.4）中，他认真记录了每一次的经历，并且注意到自己的焦虑程度正逐次减少。在练习了三个星期后，马丁的情况大大好转，在参加茶歇时就只感到轻微的焦虑了，他甚至不敢相信仅仅在几个星期前，这还是一个对他来说十分困难的社交情境。

工作表 10.7　对社交焦虑的暴露

提示：按照第七章介绍过的建立暴露计划步骤，完成这份表格。

描述一下你的社交暴露练习计划：_____

_____

_____

_____

需要改变的典型焦虑思维：_____

_____

_____

_____

需要践行的替代性纠正思维：_____

_____

_____

_____

需要改正的寻求安全和控制的不当行为：_____

_____

_____

_____

执行的有效处理方法：_____

_____

_____

_____

资料来源：《焦虑与忧虑手册》大卫·A.克拉克、亚伦·T.贝克 著，吉尔夫特出版社出版。

> ### ● 疑难解答小贴士
>
> 暴露练习计划中最艰难的部分就是开始练习。有时候人们选择过于简单的社交情境作为开始，所以他们最后获得的进步并不多，因为他们做的事情本身就不难完成。另一个极端情况是，人们开始做的练习又太过困难，因此很快被焦虑压倒，信心丧尽，然后就放弃练习了。为了让暴露练习发挥最好的效果，你可以咨询一下你的治疗师，或者问问了解你社交焦虑的伴侣、好友、家人，征求一下他们关于第一个暴露任务的意见。重要的是，这个任务要有一定挑战性，但是又不会让你有太多负担。

第二步：纠正不现实的期待

负面思维和不现实的期待会击溃你在暴露中所做的所有努力。阅读以下列表，看看你在做暴露练习时是否抱有类似的期待。你可以将

直面社交恐惧需要你纠正错误的想法和行为，不如从写下特定的暴露任务开始，你可以在接下来的几周中有规律地完成它们。

自己独有的、对暴露练习非常重要的期待加进去。

● 在完成本书所有的练习之后，我应该能够做好充足的准备，在暴露情境中再也不会焦虑。

● 我应该可以压抑焦虑，不再在别人面前表现出自己的紧张。

● 我觉得人们会注意到我很紧张或者笨拙，并且觉得我能力不

足，或者某些方面有缺陷。

● 我需要在别人面前保持好印象，这样他们就会认为我很幽默、聪明或者机智。

● 我应该更加坚定，在别人面前保持自信。

● 我有责任让这段对话继续下去。

● 我与别人的对话或者交流应该清晰、准确并且有足够大的信息量。

● 我需要随时处于能够自控的状态之中。

● 我需要自我感觉良好、积极，这样暴露任务才能成功。

● 我需要感觉到自己与他人的交流是有效的，或者经过暴露练习我感受到练习是非常成功的。

● 我需要一些能表明他人认可我、接纳我的证明，我才能从社交活动中受益。

● 在社交情境中，我必须感受到自己是被需要的、被他人接受的。

那么，什么态度才是对暴露练习最有帮助的？非常重要的一点是，你要认识到：你可能会在社交情境的暴露练习中感到焦虑，你可能无法像自己想的那样向别人表达清楚，有些人可能会发现你的些许不适甚至紧张。并且，你可能在社交情境中会难堪、和别人不同，甚至没有完全被接纳。毫无疑问，你会关注自身的行为举止，在意自己社交表现的缺陷，然后在焦虑爆发之前逃开。但是你需要记住的是，你正在面对自己的社交恐惧，想要战胜它们，必须练习，练习，再练习。你应该用现实的视角，清醒地看待自己在暴露时应该期待什么，这一点是十分关键的。如果你的预期不切实际，你很快就会对暴露练习的结果感到失望，然后放弃治疗。在每个暴露任务开始之前，对你的期待进行一

> **不切实际的期待会逐渐抹杀掉你在暴露练习上所做的努力。你对每一次暴露的目的应该是实际且现实的：这样你才有机会正视自己对特定社交情境的恐惧，从而纠正那些会加强你焦虑的错误想法，并且学着提高你的人际交往能力。**

次心理排查。你可能会惊讶地发现，这些不现实的期待是多么容易溜进你的脑子，并且反复出现。如果你发现自己对暴露的期望可能并不现实，那么用现实的标准去检查与纠正它们，提醒自己用其他更实用、贴近现实的观点（例如你会感到紧张等）来替代。

第三步：实施认知治疗方法

如果你在某个社交情境中感到害怕，那么你可以用以下几种认知方法来减轻焦虑程度：

聚焦外部关注点

为了改变过度关注情绪状态和情感的习惯，你需要特别仔细地关注其他人。把注意力集中在人们的话上。你可能需要不断地在心里重复他们的话，来确定自己能够跟上他们的谈话内容。

寻找正面的社交线索

为了克制对威胁或者不赞同信号的敏感性，你需要努力从他人身上寻找正面的线索。把注意力集中在看上去对你感兴趣、表情友善且对你

颇为关注的那个人身上。作为本书的作者，我们两个都是大学教授，都曾面向学生、教授以及公众做过上百场演讲。而作为一个演讲者，你要快速找到 1 ~ 2 个对演讲表示出兴趣的学生，然后把注意力集中在他们身上，尽量不要看那些在睡觉、发短信或者百无聊赖的学生。这是专业演讲者的首要生存法则！

将错误思维最小化

当我们把自己暴露于社交恐惧情境中时，第三章讨论过的很多错误思维都可能会占主导地位。情绪化推论（觉得自己能知道别人的想法）、妄自断定、视野狭隘以及"全或无"思维都是常见的错误。学会识别这些错误，提醒自己，你看待这个情境的方式可能是有偏见的、过度消极的，这是需要练习的重要治疗方法。我们需要谨记在心的重要事实是：没有人可以确定别人对自己的看法，或者可以控制其他人对自己的看法。我们都必须接受社交情境中的许多未知的不可控因素。尝试猜测别人的真实想法，只会加剧错误思维误导结论。

> **克服对他人的恐惧最好的方式之一就是学着反驳自己的偏见思维，因为夸大他人的消极评价和反对意见只会助长你的社交焦虑。**

纠正夸大的威胁评估

在社交情境中，焦虑者会高估他人的拒绝、不赞同或者负面评价的严重性和可能性。认清自己正在放大消极评价的想法，学会更客观地评估这些评价，这是减轻焦虑水平的重要一步。

自助练习 10.5

在轻度焦虑的情境中练习

当一个人严重焦虑的时候，纠正偏见思维的认知方法很难得以执行。克服这个困难的方法之一，就是在一个不会引起焦虑或者只是触发轻度不适的情境中进行练习。你可以先在轻度恐惧的情境中做练习，学着让自己把注意力转移到别人身上、找到社交情境中的积极线索、看见自己的认知错误，以及纠正那些与威胁相关的偏差估计。做完数十个练习之后，你便能够更加自如地使用无偏差的认知方法。这样，即使身处高度焦虑的情境中，你也能自然地开始应用焦虑。

● **疑难解答小贴士**

如果你难以纠正自己在社交情境中的焦虑思维，那么试着把问题分成几个小部分。就其中的一个焦虑想法（例如我是不是太过关注自己了），练习纠正它（而不是对这个情境中的每一个焦虑想法都进行处理）。然后，选定一种认知方法来练习对抗这个焦虑想法。一旦这个焦虑想法得以纠正，再纠正另一个焦虑想法，并且试一试其他的认知方法。

第四步：运用行为方法

在社交情境中，如果焦虑行为没有明显的改变，焦虑问题是无法改善的。你必须不断地把自己暴露在自己恐惧的社交情境中，运用各种新的行为方法来降低焦虑水平。接下来，我们列出了一些行为方法，可以有效减少社交焦虑、增加你的自信心，并且让你在社交表现上取得进步。

- 在实际的暴露练习之前，运用角色扮演和行为预演进行练习。
- 对角色扮演练习进行录像，用以评价自己的表现。
- 识别寻找安全感的行为，慢慢改正。
- 提高语言交流能力。
- 改善可能存在问题的非言语行为、表情。
- 掌握提高自信的技巧，多加练习。
- 学会应对别人对你的反对、愤怒以及批评。

角色扮演

在治疗社交焦虑症的时候，认知治疗师会采用很多种角色扮演的方法。治疗师和来访者在不同的日常社交情境下做角色扮演。通过新的互动方式，治疗师可以预演来访者担心会发生的各种最坏情况，例如：别人对你表达愤怒、批评，或者可能发生的难堪事件。同时，角色扮演是触发自动产生焦虑想法的最佳方式，并且可以当场纠正它们。如果你没有在进行治疗，你可以用角色扮演来为可能令你焦虑的社交情境做准备。你可以跟自己的伴侣、家人或者好友进行互动。事实上，如果你能与两到三个人进行角色扮演练习，练习课程会更具多样性和新颖性，那么练习的效果会更好。举个例子，马丁想私下约一个女同事，但是他连想想都害怕。他和他的治疗师先讨论了如何开始和她聊天。在角色扮演中，他们花了一些时间，不断地就如何开口进行一段又一段的谈话练习，帮助马丁提高交流技巧，以及掌握在焦虑时和他人互动的方法。

对自我评估进行录像

录像可以让你的角色扮演更加有效，主要体现在两个方面：首先，录像能够对你的表现进行即时的反馈，所以你可以选择某一需要治疗的特定行为，例如：有更多的眼神交流、更大声地演讲，或者在别人说话时表达自己非常专注的非言语行为（点头表示赞同，等等）。其次，录像会帮助你纠正对自己社交表现的负面偏见评价，以及你以为自己给他人留下的印象。

马丁在看自己谈话表现的录像带时，心里想着：我简直就是一个傻瓜，人们肯定觉得我精神状态不太稳定。当然了，这种思维不仅仅是有偏见、不准确的，而且会令马丁在和别人说话时更加焦虑。马丁和他的治疗师能够用角色扮演的录像来纠正这种有些偏颇的解释。即便你没有接受专业的治疗，你还是可以用录像来纠正偏见思维。首先，独自观看录像，写下你认为自己呈现给他人的形象。其次，让一个朋友或者家人观看录像带，写下他们的看法。最后，把别人写的看法和自己的观察进行比较。你对自己的表现以及所呈现的形象是不是评价得过度消极了？如果是的话，在进行这个社交情境的暴露练习之前，纠正这个解释是十分重要的。

消除寻求安全感的行为

低头、喃喃自语、身体僵硬、喝酒、深呼吸、不断地看笔记、反复清喉咙、戴墨镜，以及其他抑制的迹象可能会给你一种暂时处理好了焦虑的错觉，但是这些行为往往使你在社交活动中更加压抑和尴尬，也使你更令人侧目。比如马丁在极度焦虑的时候会放松呼吸，但是这样做反而让想要跟他聊天的人觉得他在叹息，以为他很不耐烦。如果你很难识别出自己寻求安全感的行为，那么让一个朋友在社交场合观察你，写下任何你可能会做的、影响社交的自动行为。当然，如果你正在接受治疗，那么你的治疗师可以与你一起为减少寻求安全感的行为而努力。

行为排练

本章提及的行为方法都涉及改善某些具体的社交技巧。提高你的语言交流能力，更加自信，以及更好地处理别人的愤怒、争吵或者批评，这些方法都可以帮你消除社交焦虑。再说明一次，角色扮演和录像对于识别社交表现的弱点和练习新的社交技巧而言，都是必不可少的。不要试图马上改变太多。选择 1 ~ 2 个特定的行为，例如增加眼神交流、说话声响亮，或者为了正确理解对方的意思而礼貌地打断别人。对这些行为进行改善，并且在改善下一个行为之前，给自己机会在实际的社交情境中练习。同时，在不会激发焦虑的社交情境中练习角色扮演，这样下来，即使在极度焦虑的时候，你也会自发地运用这些技巧。除了以上这些，你还要对自己宽容些。不要期待改变太多、太快。行为变化需要很多的时间和练习。毕竟，很多你尝试打破的习惯已经跟了你这么久了。不要奢望一个长期养成的习惯在短短几个星期内被完全改掉。更加客观地看待自己，在做出改变、直面社交恐惧后，给自己一些奖赏，鼓励自己取得更大的进步。

自助练习 10.6

用角色扮演和社交技术进行练习

从你的社交恐惧层次表中，选择一个会触发中度焦虑的社交情境。找朋友或者爱人来与你一同参与进这个情境的角色扮演中（进行工作面试、在会议上发言等）。保证每周都做几次角色扮演的练习，向你的同伴寻求反馈，了解自己是否明显做出寻找安全感的行为。纠正在角色扮演中表现出来的消极的夸大想法，并且练习一到两项技能。针对这个社交情境，制作一张"正常化卡片"。在多次角色扮演练习后，参与进实际的社交活动中去，在监测你的社交焦虑表格（工作表 10.5）中记录下结果。

● 疑难解答小贴士

角色扮演是表演的另一名称，有些人会觉得很难去表演，很难假装自己是另一个人。除了扮演自己的角色，他们更多的是对角色进行评论（例如他们会讨论自己应该说什么，而不是实际上要假装说出的话）。如果你有这样的情况，试着先写下一个脚本——一些对话，就像是演员的脚本一样。然后假装自己真的在经历这个令人恐惧的社交情境，试着把这些剧本说出来。最后，在这个社交情境中进行角色扮演练习时，你要在扮演中带入情绪，而不仅仅是说出台词。

> 克服社交焦虑最有效的方式就是在真正开始社交之前先进行角色扮演练习，然后在真实的社交情境中重复地暴露自己。最终，你的暴露经历会彻底改变你的焦虑状况，并增强你在他人面前的自信心。

本章总结

1. 社交焦虑是以害怕他人对自己的消极评价，对焦虑症状、社交水平的极度焦虑，以及对更大范围社交情境的回避为特征的。

2. 在陌生的社交情境中、在公众场合表演时（例如演讲）感到有些焦虑或者不适是十分正常的。但是，如果焦虑变得更加严重、持续时间更久，导致你逃避日常的社交活动，甚至影响了生活质量，那么社交焦虑就变成了一个心理问题，可以用认知疗法进行治疗。

3. 社交焦虑在社交经历的预期、实际暴露和事后记忆中越来越强烈，因为偏见想法夸大了他人消极评价的严重性和可能性，过度关注自身表现出来或隐藏的焦虑症状，依赖寻找安全感的行为来压抑焦虑感受，以及过度评估与社交场合中表现相关的难堪的、羞耻的和受辱的感受。

4. 要减少社交焦虑，首先要建立你的"社交焦虑档案"：建立社交情境的层次表，监测你在社交经历开始之前和进行时的焦虑想法，确定在你焦虑时自发做出了怎样的处理反应，找到你总是回想的社交经历，以及在回忆这些社交事件时自己做出的解释。

5. 在社交开始之前，学会纠正偏见和预期想法，是认知疗法首先需要处理的问题之一。重要的是建立符合现实的、适当的预期，让你为未来的社交情境做好准备。

6. 过往的创伤性偏差记忆和最近的有关社交经历的错误解释是社交焦虑的问题所在，纠正这些错误的想法，是建立自信心、减少未来的社交焦虑的重要部分。识别、收集证据、去灾难化以及寻找替代性解释，都是更加客观地看待过去社交经历的认知方法。

7. 在实际社交情境中减少焦虑，增强自信心，你需要做的是：制订一个社交行为计划、纠正不现实的预期想法、选择并实施现实可行的认知方法，以及采取不同行为干预方案（例如角色扮演、对预演练习进行录像，以及消除寻找安全感的行为）。

8. 克服社交焦虑，战胜最严重的社交恐惧问题，是一个循序渐进的过程，需要一定的时间和大量练习。在这个过程中，你要对自己宽容，在取得进步时给自己一些奖励，并且试着从错误中汲取教训。恐惧会让人们无法正常行动，但是数年来，上千人凭着本章所介绍的、经研究证实的行为与认知练习，战胜了自己的社交焦虑，获得了更好的生活，相信你也可以。

克 服 忧 虑

　　我们之所以会越发忧虑，是因为我们感到焦虑；而我们感到焦虑，又是因为我们在忧虑某件事情！在忧虑的认知疗法中，我们专注于通过改变错误的情绪化推理和阻止寻求宽慰的行为来打破忧虑和焦虑之间的联系。

> 如果你的情况如下，那么本章节的内容会与你息息相关：
>
> ●你的焦虑问题主要以忧虑的形式存在，虽然已经完成了第八章"焦虑工作计划"的全部内容，但是仍然没有完全改善焦虑问题。
>
> ●你已经成为一个慢性忧虑症患者，会担心生活中许多不同的东西。
>
> ●你符合广泛性焦虑症的诊断标准。
>
> ●你因忧虑而难以入睡（比如脑子一团乱）。

西尔维亚经常杞人忧天，这是朋友、家人、同事对她的印象。西尔维亚有很多重身份：一位有两个成年儿子的57岁母亲，一位在会计师事务所工作的高级合伙人，一位致力于社区活动的实干家，一位想要抱孙子孙女的祖母……可是她形容自己是一个总往最坏处想的焦虑症患者。从高中时候开始，她便总是担心会有坏事发生。现在，已经演变成什么事都要担心的状态——丈夫和自己的健康、金融投资、即将面临的退休问题、工作表现、儿媳妇怀孕、小儿子找工作、重新设计浴室，甚至是零碎的家务。过去的几年中，她试过许多种治疗方法，从抗抑郁药、镇静剂等药物治疗，到接受各种心理健康专家的治疗，再到瑜伽、冥想、营养计划、剧烈的有氧运动，等等，但是情况似乎并没有任何好转。随着年龄的增长，她的忧虑问题似乎变得更严重了。现在的她只觉得自己被困住了，忧虑问题把她生命中原本最美好的几年都夺走了。

西尔维亚的病态忧虑是广泛性焦虑症的核心特点。大多数人在生活中都或多或少会感到忧虑，而与广泛性焦虑症有关的过度忧虑要比正常忧虑更为严重、持久并且不可控制。广泛性焦虑症几乎每天都会发作，每次持续几个小时，带来很多问题。它通常会持续几个月，甚至几年、几十年。这种过度忧虑的患者因为焦虑陷入更加疲劳、沮丧、紧张、注意力分散、不安、睡眠不足的状态，扰乱正常生活。

在过去的二十年中，心理学家和精神病学家对忧虑已经有了更深的了解，并在此基础上建立了认知疗法，为那些困于过度忧虑的人们带来了希望。本章将介绍忧虑持久不退的原因，并教你一些认知治疗方法和行为策略，以提高你对忧虑过程的掌控能力。如果你已经完成了一至八章的所有内容，那么在完成本章的内容之后，你将更加了解忧虑的本质，知道该如何更好地控制忧虑。

理解广泛性焦虑症

广泛性焦虑症是非常普遍的，美国每年都有超过 70 万名成年人（约 3.1%）患上广泛性焦虑症。广泛性焦虑症是一种慢性病，对于许多一直被焦虑和忧虑困扰的患者而言，甚至已经成为一种人格特征。也许，这就解释了为什么广泛性焦虑症非常难治愈。药物和常规心理治疗的疗效只有大约 50%，而且在不同的研究报告中，广泛性焦虑症的治愈率差别较大。目前，关于治疗的长期效果，我们掌握的信息仍十分有限。抗焦虑药物治疗在短期内可以有效降低广泛性焦虑的水平，但是往往只能持续几周，并且一旦在生理或心理上产生了依赖性，便难以停止服用。药理学上，抗抑郁药物可以治疗广泛性焦虑症，但是停用后六个月内的复发率高达 50%。不过，鼓舞人心的是，情况越来越好，有证据表明，本章即将介绍的特别针对广泛性焦虑症的认知疗法，会大大改善治疗效果，帮助人们摆脱对抗焦虑药物的依赖。

我们为什么忧虑

在开始处理慢性忧虑之前，我们必须先了解忧虑的含义。在本书中忧虑指的是：

人们因为未来可能发生的一些负面的、有威胁性的结果，而预想各种解决问题的途径，但是这些途径都不能减轻其对于未来不确定威胁事件的强烈感觉，因此在心里产生的一种持续的、反复的、不可控制的连锁思维。

我们可能会担心各种各样的事情，从最微不足道的日程琐事（比如按预约时间去理发）到非常重大的人生悲剧（比如患上绝症），甚至世界级的重要事务（比如未能解决气候变化问题）。大家的担心都不一样，我们中的很多人都会担心较为严重的问题，比如：我们的健康状况、亲人和爱人可能受伤或死亡、我们的财政状况、工作，以及世界的状态。我们也会担心各种琐碎的事情，比如日程的安排和常规工作。在工作表 11.1 中写下生活各个领域中正在或经常令你忧虑的问题。

与其他类型的焦虑一样，一定程度的忧虑是正常的。那么，对于某些人来说，为什么忧虑会成为常态且令人失控呢？为什么有些人能比别人更好地控制自己的忧虑和烦恼，而广泛性焦虑症患者却不能呢？以下几点过度忧虑的特征，解释了主要原因。

● 灾难化思维：只关注极其负面、令人不安、严重的结果发生的可能性。

● 高度焦虑：忧虑过程与个人的焦虑感和紧张感有关，可能包括肌肉紧张、边缘感、烦躁不安等一系列生理症状。

● 无法容忍不确定性：难以接受未来可能发生事件的不确定性，所以拼尽全力确保自己想象中的可怕灾难不会发生。

● 难以接受风险：试图消除或将所有危险、失望、失败的可能性降到最低。

● 无法解决问题：一直都在想措施应对想象中的灾难，但是对每个潜在的解决方案都不满意。

● 力求完美：试图为想象出的坏事找到一个令人安心又有安全感的完美解决方案。

● 无法控制忧虑：为了摆脱忧虑而不断地付出努力，但一点儿作用都没有，还加重了忧虑问题。

● 功能失调的忧虑想法：与忧虑的后果有关的不当想法及其正负

工作表 11.1　生活中各个领域的忧虑

提示：写下在以下各个生活领域中，你目前的忧虑问题都有什么。如果在某个领域中，你没有任何忧虑问题，那就忽略那一项。

1. 健康（自己）_____

_____

2. 健康（家人、朋友）：_____

_____

3. 安全问题（自己、孩子、家人）：_____

_____

4. 工作或学业：_____

_____

5. 经济状况：_____

_____

6. 亲密关系：_____

_____

7. 其他关系（家庭、友谊、同事）：_____

_____

8. 小事（比如：约会、做完日常杂事）：_____

_____

9. 社会团体，国际事务（比如：全球变暖、恐怖分子袭击）：_____

_____

10. 精神问题：_____

_____

资料来源：《焦虑与忧虑手册》大卫·A.克拉克、亚伦·T.贝克 著，吉尔夫特出版社出版。

向的可控性，可能是产生忧虑的重要原因之一。

●担心忧虑问题：你担心自己的忧虑问题，并不能帮你控制住忧虑的想法，反而会令情况更糟糕。

假设你所在的公司最近很不景气，已经裁减了很多员工。那么你会担心："我会是下一个吗？我也会失去工作吗？"这是完全自然、完全现实的。但是如何看待这种忧虑，会直接决定你的忧虑是否会从正常水平转向一种长期的、无法控制的、给生活带来巨大压力和干扰的状态。

基于前面列出的各种原因，我们可以概括出一种思考失业可能性的方式，了解为什么这种思考方式会令忧虑一直存在且不可控。你可以先把情况想得很严重，只想着会有 20% 的员工丢掉工作，不要想 80% 的员工可以留在公司。好事和坏事都是我们无法控制的，也无法预见的，你可能接受不了这种充满未知性和不确定性的未来。你会一直提醒自己，你讨厌风险，所以你可能会不停思考自己要怎样应对失业问题。当然了，你想到的事情可能都很吓人、无法令人满意，所以你只能被困在原地，停滞不前。你也曾努力让自己不去担心，脑子却不听使唤，你感到更加焦虑和沮丧了。你想着自己应该担心工作问题，做些准备总好过被打个措手不及。但是忧虑又太煎熬了，现在你开始害怕忧虑是否会影响你的健康和工作绩效。你担心自己的过度忧

认知疗法的目标直指忧虑过程中的核心特征，这些特征会助长你的忧虑感。因此你可以学习一些不同的策略来更好地自控。

虑会导致最害怕的事情发生——丢掉工作。所以你的忧虑开始朝病态转变。

忧虑是否会提高生产力

心理学家认为，大多数的忧虑是没用的，在最坏的情况下还会降低生产效率，因为我们在与"万一"的拉锯战中浪费了太多时间，承受了太多痛苦，所以我们根本无法享受当下——大多数时候我们的担心根本不会成真。然而，历史上有很多关于人们不"忧虑"未来便会在可预见的挑战面前措手不及的警世故事。那么，积极忧虑和消极忧虑的分界线是在哪里呢？表 11.1 列出了一些二者之间的区别。

表 11.1　积极忧虑和消极忧虑的特征

消极忧虑	积极忧虑
• 关注遥远的、想象中的"万一"情境	• 关注眼前的现实问题
• 关注我们无法控制或无能为力的预想问题	• 关注即将发生的、我们力所能及的事情
• 倾向于关注担心的事情一旦发生，我们会觉得多么沮丧	• 更关注如何改善所担心的问题
• 拒绝采用任何不能保证成功改善忧虑问题的方法	• 愿意用并不完美的方法试着改善担心的问题，并评估效果
• 追求安全感和想象结果的确定性	• 愿意忍受合理的风险和不确定性
• 狭隘地、夸张地关注想象中的威胁和最坏情况（灾难化）	• 用更全面、更平衡的视角看待担忧问题的各个方面。能够识别情境中积极的、消极的和良性的方面

（续表）

消极忧虑	积极忧虑
• 在忧虑情境面前觉得无助	• 对于自己能够处理的忧虑情境更加自信
• 高度焦虑或压抑	• 轻度焦虑或压抑

资料来源：《焦虑症认知治疗》大卫·A.克拉克、亚伦·T.贝克 著，吉尔夫特出版社出版。

让我们一起看看西尔维亚对于整修浴室的忧虑。她每天都会想到重新装修浴室的事情，每当她想起这件事，她都会彻底陷入极其消极的情境之中，比如"要是我们请的装修公司技术很差、做得一点儿都不好，该怎么办？""他们万一不听我们的想法，最后装得我们一点儿都不喜欢，该怎么办？""万一他们一开始挺尽责，之后几周就忙着做别人家的活儿，耽误我们家的进度，该怎么办？""要是超出预算了，该怎么办？"她绞尽脑汁考虑各种与装修公司打交道的方法，以确保他们会按时完成工作，既让她满意又不会超出预算。但是这些忧虑解决不了什么问题，她如鲠在喉，觉得整个工程都会特别糟糕。她提醒自己，不过是个浴室装修，一切都会好起来，并试图用这种方法终止忧虑。但结果并不尽如人意。她开始担心，事无巨细的忧虑是否会对她的健康造成伤害，她是否会因为压力过大而"精神崩溃"或心脏病发作。

但如果西尔维亚对浴室装修的问题是"积极忧虑"，她的思维过程则大不相同。她会浏览一份清单，提醒自己已经请了最称职的装修公司（例如：查阅参考资料，获得一份详细的工程估计，签订合同）。她可以与做过类似装修的朋友聊一聊，还可以努力学习如何接受装修中的风险和不确定性。她可以提醒自己，即便她想改变房子里的很多东西，但是不改也能生活下去。所以，即便她对装修后的浴室不是百分之百满意，也无所谓。她还可以把重点放在这一事实上——哪怕只有一点点改进也比现在这个

> **过度的消极焦虑是广泛性焦虑症的核心问题。认知疗法会教你如何把过度的消极忧虑转变成一种更加积极的、现实的方法，去思考未来问题和困难发生的可能性。**

已经用了好多年的浴室要好。如果装修公司违反合同，她可以通过法律途径解决这一问题。最后，她重新思考了自己担心的问题，提醒自己，新浴室不太会影响她对生活的满意度和生活意义。即使现在的她一想到开始装修浴室，还是会感到一丝忧虑，但是她知道大多数人花了很多钱之后都会感到不安，所以她会努力让担忧变得正常，然后接受这些感受。

担忧的心

很显然，忧虑的产生在于人们的思考方式，所以，认知疗法可以用来改善忧虑的问题。然而，如果想要从认知疗法中受益，首先你需要明白忧虑是如何运作的。图 11.1 说明了忧虑的认知模型。

忧虑分为三个阶段：（1）令人痛苦的侵入性想法的产生；（2）负向信念的激活；（3）实际的忧虑过程本身。在认知疗法中，我们关注造成忧虑的负向信念，以及忧虑过程的关键特点（对忧虑的担心，无法解决的问题，为控制心理状态做出的努力，寻求宽慰）。

工作表 11.2 　"杞人忧天者"核对清单

提示：回顾一下你在表11.1中记录的主要担心事项。通读下面的内容，思考一下，当你面对这些忧虑的时候，你是怎么想的。在符合你的情况的陈述后面选择"是"或者"否"。如果大多数陈述都适用于你，那么你的问题可能就是消极忧虑。

1. 我在忧虑的时候，脑海里总是会想，最糟糕的情境（如果……怎么办）会是怎样的	是	否
2. 忧虑中的我会倾向于设想，如果担心的事情真的发生了，我得多么沮丧	是	否
3. 当我感到忧虑时，我会用尽各种方法，看看自己能做什么以防止出现最糟糕的情况	是	否
4. 当我感到担心的时候，我会尽力说服自己，最坏的事情不会发生的，但是我从来都没有感到放心，也从来不相信一切都会好起来	是	否
5. 忧虑中的我会想尽各种解决问题的方法，但最终都没有采用，因为我觉得这些方法都不足以应对当前的情境	是	否
6. 当我感到忧虑的时候，"不知道未来"最令我困扰	是	否
7. 忧虑期间，我感到非常无助，觉得自己根本无法应对生活的困难	是	否
8. 就算已经付出了最大努力，我还是会因为自己无力摆脱忧虑而沮丧灰心	是	否
9. 当我感到忧虑的时候，我会一直想要弄清楚，眼下的情境最可能的结果是什么，但是我总是有不确定的感觉	是	否
10. 我常常会想，如果我解决不了这种忧虑，生活将变得多么悲惨	是	否

资料来源：《焦虑与忧虑手册》大卫·A.克拉克、亚伦·T.贝克 著，吉尔夫特出版社出版。

令人痛苦的有害的侵入性想法

（想起未来自己和他人可能会有的危险）

（提醒自己或其他人未来可能会有的危险）

负向信念的激活

（关于威胁、不确定性和个人无助

感的信念）

不能解决问题

担心自己会变得忧虑

忧虑过程

（重估威胁的恶性循环）

寻求宽慰

努力摆脱忧虑

更加强烈的忧虑感

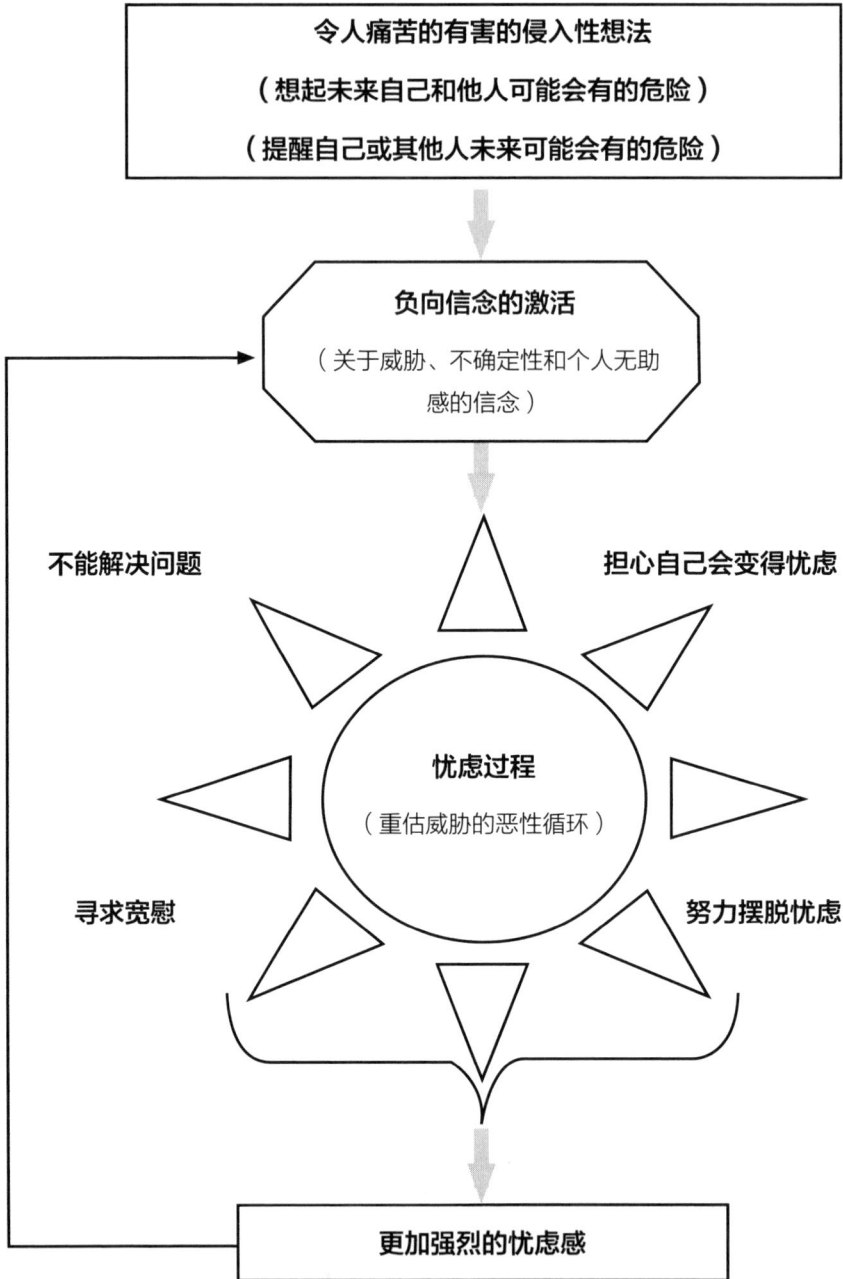

图11.1　忧虑的认知模型

资料来源：《焦虑症认知治疗》大卫·A.克拉克、亚伦·T.贝克 著，吉尔夫特出版社出版。

令人痛苦的侵入性想法阶段

我们都有过这样的经历：脑海里突然冒出一些令人不安的想法，然后这些想法马上变成关注的焦点，并干扰我们做事。这些想法、想象或者记忆不受控制地闯入我们的意识，它们可能跟我们的生活毫不相干，甚至很愚蠢，会被我们不经意地忽略掉，或者我们可能会对自己说："太奇怪了——我怎么会想到这个？"（就我本人而言，我刚刚忽然想到了融化的雪，这个想法与我的生活和工作一点儿关系都没有，很容易就被忽视了，所以我才能继续写作！）

然而，并不是所有侵入性想法都是愚蠢的、杂乱无章的。有些侵入性想法是关于未来的——"如果以后发生什么事，我该怎么办"，通常这些想法会涉及威胁、危险或者负面结果在未来发生的可能性。以未来为基础产生的令人痛苦的侵入性想法可能会令人忧虑，以下是几个例子：

● 想到下周要参加的会议，自己还没有准备好报告。

● 想起一个朋友告诉你，看见你的丈夫和另一个女人一起在餐厅吃饭。

● 银行提醒你，要取消你赎回抵押品的权利。

● 想象你的孩子在托儿所受了重伤。

● 想到医生说你的乳腺癌测试结果为阳性。

● 想起和一个重要的客户见面，却说了一些很愚蠢或很尴尬的话。

● 觉得别人都在看你。

● 想象自己的房子有个隐患，邻居们会不请自来。

● 考虑自己的投资损失。

从日常的平凡琐事，到真正严肃的、重要的，甚至危及生命的大事，每个人平均每天都有几十个甚至上百个侵入性想法。大多数时候，我们会忽略或轻松驳回自己的侵入性想法，但偶尔某个想法会一下子抓住我们的注意力，然后我们就无法放过这个想法了。这些引起注意的侵入性想法和想象会启动忧虑的过程。

与忧虑有关的侵入性想法有三个特征：

1. 高度的个人相关性。这些想法涉及的事情对我们来说非常重要，它们与我们的个人目标、价值观和关注点高度相关。比如只有非常虔诚的宗教人士才会在意"要成为最诚恳、最忠诚的祈祷者"的侵入性想法。

2. 夸大的威胁。侵入性想法中包含了一些极端的负面结果。我们并不担心那些带有轻微痛苦或麻烦的后果，我们担心的是关于自己或所爱之人可能遭遇祸患的侵入性想法。

> 忧虑过程通常始于一个突然出现在脑海中的令人痛苦的多余想法，这个想法表示某个有价值的目标或者个人的努力奋斗受到了威胁——一个对个体而言非常重要的问题。

3. 线索性思考。通常情况下，与忧虑有关的侵入性想法是由日常生活中遇到的情况或信息激发的。电视广告、办公室里的聊天、下班回家路上注意到的事物……我们的大脑要处理数以百万计的可能激活侵入性想法的线索。在西尔维亚的例子中，她听到婴儿的哭声，便会想到儿媳妇怀孕，然后就开始担心这个还未出世的孩子的健康。

你有过什么样的侵入性想法，才令你开始忧虑生活中的某个重要问题？完成工作表 11.3，确认哪些痛苦的侵入性想法导致了你的忧虑问题。想要理解你为什么长期被不可控的忧虑所困扰，首先你要确定忧虑问题的根源。

负面观点的激活阶段

忧虑心境的核心是一系列刺激了忧虑过程的负向信念。尽管你几乎没有意识到这些意识的存在，它们却非常真实，决定了正常忧虑是否会恶化成不可控的恶性循环。正如在第三章解释过的那样，焦虑的信念往往形成于童年或青春期，在成年后的生活经历中得到加强。表 11.2 列出了四种造成不可控的忧虑的信念。通读这个表格，圈出任何与你的忧虑问题相关的信念。在表格底部的空白处，添加任何你觉得可能与自身忧虑问题有关的信念。我们在下一节中会讨论，如何确定自己忧虑的相关信念。

工作表 11.3   与个人问题和忧虑有关的侵入性想法

提示：在第一列中写下四个或五个你认为很重要的个人的努力、目标、价值。比如：事业上取得了成功或表现优秀，有很多亲密的、体贴的朋友，与一个强壮的亲密伴侣一起生活，身体健康、生活幸福，或者是拥有一种强大的精神信仰。在第二栏中，写下你曾有过的或可能有的、与第一栏有关的糟糕的侵入性想法。这些想法可能会吸引你的注意，因为它们威胁到了你的目标或奋斗。

个人的努力、目标、价值	威胁的侵入性想法举例
1.	
2.	
3.	
4.	
5.	

资料来源：《焦虑与忧虑手册》大卫·A.克拉克、亚伦·T.贝克 著，吉尔夫特出版社出版。

表 11.2 助燃忧虑的负向信念

令人忧虑的信念类型	举例
1. 过度威胁（觉得最坏的情况可能就要发生了，所以你需要为此做好准备）	• "我没有足够的时间为展示做准备了，我肯定会弄得一团糟！" • "这条路太滑了，约翰可能会出车祸！" • "我已经在股票市场上赔了很多钱了，要是我退休之前赚不回来怎么办？" • "要是癌症检测结果是阳性的，我该怎么办？" • "我已经失业了，我要是再找不到体面的工作可怎么办？"
2. 个人的无助感（觉得自己的能力不足以有效应对未来的消极后果）	• "要是余生只剩我一人，我肯定活不下去。" • "我不能容忍自己犯错，我做的每件事都得成功。" • "无论我怎么做，我都无法得到爱和赞美。" • "我对健康已经彻底绝望。" • "对于所爱之人的遭遇，我无能为力。"
3. 无法容忍不确定性（一定要将未来会有坏事发生的不确定感或模糊感觉降到最低）	• "我忍受不了自己对结果无从预料。" • "凡事都做最坏的打算，不论结局怎样，这一点非常重要。" • "只要我能放心，觉得一切都会好起来，那么一切就真的会好起来。" • "未来的结果越不确定，就越有可能发生不好的事情。"
4. 与忧虑过程有关的信念（对忧虑的积极影响、消极影响、可控性的看法）	• "忧虑帮我解决问题，让我为最坏的结果做好准备。" • "如果我忧虑了，证明我真的很在意，也就表示我会认真看待这件事情。" • "如果我一直忧虑，我肯定会精神崩溃的。" • "要是我再有毅力一点儿，或许就不会忧虑了。"
5. 其他信念（关于忧虑，除了以上几类，我还有其他想法）	_____ _____ _____ _____

资料来源：《焦虑症认知治疗》大卫·A.克拉克、亚伦·T.贝克 著，吉尔夫特出版社出版。

西尔维亚的忧虑问题是以很多有问题的想法为基础的。当她担心退休问题时，她很确信她们到时候会没有足够的钱来维持收支平衡，尽管她和她丈夫已经做了很好的退休储蓄。她只能想到，到时候他们得卖掉房子，搬到一个小公寓里去。现在的她，除了努力工作到七十多岁，想不出任何其他方法。她再三寻求财政建议，并跟丈夫没完没了地讨论怎样才能负担得起退休以后的生活。但是，没有"水晶球"能让她看到幸福和安全，没有任何事能减轻她对未来的担忧。西尔维亚相信，她这么担心退休，意味着她很认真严肃地在思考这个问题，这可以帮她不犯错误，不让她过早退休。但是另一方面，忧虑似乎变得不可阻挡，让她无法享受当下，原本美好的生活被大山一样的痛苦和焦虑压倒。

失控的忧虑是由某些与忧虑过程有关的负向信念激发出来的，认知疗法能够发现并纠正这些负向信念。

忧虑处理阶段

侵入性想法一旦激活了你的潜在忧虑信念，焦虑过程便会自动开始运行。正如你在忧虑的认知模型图中看到的一样，忧虑过程的四个主要特征构成了一个向下的循环。当我们刚开始感到忧虑的时候，心里会有一种想要阻止忧虑继续下去的强烈愿望——努力控制忧虑。我们也会想要寻求宽慰，通常是一遍遍地向身边的人们确认，一切都会没事的。同时，我们也会一直寻找解决问题的方法，如果找不到，我们就会一直忧虑——然后开始担心自己的忧虑问题，自己会因此受到什么影响和伤害。所以，让我们仔细了解一下忧虑过程的四个要素。

1. 努力控制忧虑

你曾多少次听到别人说"哦，不要担心"或者"别忧虑了"？这就是问题所在——你无法不忧虑。你想反驳，"我当然知道应该不去担心，可是我就是做不到啊"。滑稽的是，即便忧虑症患者知道自己控制不了忧虑思绪，他们也还是一直在尝试。众所周知，容易担心的人常常努力让自己不去担心。

哈佛大学心理学家丹尼尔·瓦格纳发现了一种名叫"心理控制的讽刺效应"的现象（也叫"白熊效应"）。在他的研究中，要求被试者在几分钟的时间内不要想白熊之类的东

> 你越是想要"不忧虑"，你就会越忧虑。

西，即控制自己的想法。丹尼尔发现，与没有控制想法的人相比，控制组的脑海里有更多的关于白熊的侵入性想法。换言之，试图不去想白熊，会让人们更容易想到白熊，还不如就不去理会这个想法。

你越是让自己不要担心，你便越是担心：如果你把这种现象应用到忧虑过程中，那显然就是，你越是设法让自己不忧虑，你就越是忧虑。与白熊那种毫无价值的想法不同，你担心的焦点往往是对你而言至关重要的事情，所以心理控制的讽刺效应会更加明显。

自助练习 11.1
尽量不去想某件事

在两分钟的时间内，试着只想白熊。走神一次，就在纸上画一个钩。然后重复实验，这次试着在两分钟的时间内不去想白熊。每次有关于白熊的想法闪现在脑海里，就在纸上画一个钩。然后看看这两张纸上的钩。第二次试验的钩是不是比第一次的要更多？大多数人都会觉得压抑某个想法要比集中注意力于某个想法上更难。思维的形成比思维的妨碍或思维的瓦解要容易得多。

许多心理控制的方法都会令忧虑更加严重：

●认知压抑（告诉自己不要担心）。

●自我安慰（告诉自己一切都会好起来）。

认知疗法旨在改变你为了控制心境而做出的负向努力，从而改变忧虑的向下循环过程。

●寻求他人的安慰（询问家人 / 朋友，是否一切都会好起来）。

●检查（反复做某件事情，以消除疑虑和不确定性）。

●惩罚（批评自己的担心）。

●情绪压抑（试图压制与忧虑有关的苦恼和焦虑）。

2. 寻求宽慰

大多数持续性过度忧虑症患者都会不惜一切代价从忧虑及焦虑中解脱出来。忧虑的人知道，减轻忧虑的最好方法就是相信一切都会好起来的，所以他们会向别人寻求安慰——"你认为一切都会好起来吗"，或者试图用熟练的说辞说服自己——"一切都会好起来的"，抑或试图用解决方案说服自己——"我已经做了最坏的打算"。但是问题在于，忧虑总是关于未来的，而没人会预知未来。所以，对安全性和确定性的渴望是徒劳的。而矛盾的是，这种对安全性和确定性的渴望却造成了长期的忧虑。

忧虑和焦虑密切相关。我们总是觉得，我们感到焦虑证明自己就应该去担心某件事。而讽刺的是，假设你的命题是真的，那么如果我没感到焦虑，我就没什么好担心了。但要知道就算镇静剂能帮我们（暂时）减轻一些焦虑，也并不能确保我们担心的事情实际上不会发生。焦虑可以证实忧虑的必要（以及感到平静减轻了忧虑的必要），这种想法恰好为第三章讨论过的情绪化推理的思维错误提供了一个例子。

> 我们之所以会越发忧虑，是因为我们感到焦虑；而我们感到焦虑，又是因为我们在忧虑某件事情！在忧虑的认知疗法中，我们专注于通过改变错误的情绪化推理和阻止寻求宽慰的行为来打破忧虑和焦虑之间的联系。

在西尔维亚的例子中，她注意到，当自己因工作负荷而不堪重负时，她便会开始担心自己的工作表现（"我只是把报告都摞在了一起而已，是个人都会知道这不是我的水准"，或者"我不可能在截止日期前完成的"）。她越焦虑，就越担心；而她越担心，焦虑就越严重。有时，她会吃一片抗焦虑药，然后几乎立刻就会感到没那么焦虑和忧虑了。但她不喜欢吃药，药物减弱了她在工作中的敏锐度。她意识到，自己并没有学会如何有效地处理自己的忧虑倾向。

3. 不能解决问题

毫无例外，忧虑的人总是不停地寻求解决方法——用某种方法应对自己预想中的灾难性事件，这是忧虑的焦点。罗伯特·利莱在《我焦虑得头发都掉了》中指出，忧虑的一个重要成因是人们需要马上就得到一个答案。研究表明，忧虑的人能和正常人一样解决好问题。但是，忧虑的人在解决问题的方法上有着以下几个弱点：

● 对自己解决问题的能力缺乏自信。

● 倾向于过度专注未来的威胁。

● 对解决问题的结果抱有消极预期。

● 寻找完美的解决方案。

● 倾向于关注不相关的信息，或者强迫性地检查以减少不确定性。

最终的结果是，慢性忧虑症患者在很长一段时间内都在浪费时间。他们会针对某一可怕的结果设想无数种可能的反应，但最终又全盘否定。这让他们感到无助，无法应对入侵的威胁、危险和不确定性。

德里克，35 岁，单身，担心别人否定和拒绝自己，尤其在约会时。他会设想各种各样的情景，思考如何确定约会对象被自己吸引了。他读了很多关于约会的书，甚至和约会教练一起上了几节课，但最后他拒绝了所有的建议。似乎没有什么能够确保他能得到女人的认可和接受。因此，他烦躁不安，为可能发生的拒绝而焦虑。

4. 担心忧虑

英国心理学家阿德里安·威尔斯是忧虑心理学方面的杰出专家。他介绍了"担心忧虑"的概念，并发现这种忧虑（称为"元"忧虑）是病理性忧虑和广泛性焦虑症持续存在的主要原因之一。"担心忧虑"的人往往心怀一系列关于忧虑的负面信念："如果我无法停止忧虑，我一定会发疯的。""只要我处于忧虑之中，我就无法有效率地做事。"一旦人们开始担心自己的慢性忧虑症，他们就会进入一种新的病理忧虑状态之中。这是因为，对忧虑的担心会使你更加努力地去控制它，去压抑多余的想法和感受。当人们确信，自己必须尽量控制住焦虑或忧虑的发作，逃避和寻找安全感便会变得急迫。

> 控制忧虑、寻求解脱、不能解决问题和担心忧虑，因这些而付出的努力成为忧虑可以一直延续下去的动力。认知疗法会锚定所有元素，逐个击破。

受到忧虑的多年困扰后，西尔维亚确信，自己的生活已经被她病态的忧虑毁了。她越来越担心忧虑症发作，并拼尽全力想要找出忧虑的触发因素，以便自己可以避开这些情境或感受。当然，这些努力都是徒劳的，只给她留下了困囿感和挫败感。

你的"忧虑档案"

虽然，所有的慢性忧虑几乎都具有上述的特点，但是每个人的忧虑档案是独一无二的。你在第五章中制订的"忧虑档案"会帮你构建一个独特的认知治疗方案，同样，"忧虑档案"也会引导你制订一份针对忧虑的认知治疗方案。以下步骤将帮你构建自己的忧虑档案。

第一步：确认忧虑问题

首先，确认一到三个主要的忧虑问题或近来主导思想的事情——如果你有很多事情，那就选择那些最频繁发生或令你最痛苦的。你可以回顾一下工作表 11.1 的内容，想一想自己的主要忧虑问题是什么。然后在日记中记下自己的忧虑经历，从而更加了解自身的忧虑问题。许多来访者发现这个练习不仅让他们对于焦虑有了新的见解，而且治疗效果很可观，因为它有助于让忧虑过程更有条理性和可观察性。

自助练习 11.2

监测自己的忧虑发作

　　如果你的忧虑症每天都会发作，并且非常严重，那么请用一周的时间，在工作表 11.4 中记录你的忧虑经历。如果你的忧虑没有特别频繁，那么请检测 2～3 周的时间。尽量捕捉到最初的触发因素——令你开始担心的情境或侵入性焦虑想法。在忧虑内容的一列，描述一下最可能令你忧虑的具有威胁性的或令人痛苦的情境。在与工作表 11.1 中列出的主要忧虑相关内容旁边加上星号。这些忧虑问题发生的频率比你想象中的要更快还是更慢？你在工作表 11.1 中写过的忧虑仍然是你的主要问题吗？还是又有新问题了？然后，记一下每次忧虑经历的大概时长，以及忧虑时的痛苦或焦虑程度。最后，记下你是怎样试图停止忧虑的。为了减轻焦虑或让自己不再忧虑，你都做了什么？有效吗？

第二步：识别灾难

　　忧虑总是着眼于未来可能的威胁和危险。我们都希望自己有好运，而担心未来可能发生的坏结果。因此，慢性病理性忧虑症的特点是脑子里充满了灾难化思维。忧虑的人几乎只看得到可能的坏结果，并高估其发生的可能性："我肯定会挂掉这门课，然后不得不休学。"

工作表 11.4　忧虑日记

提示：记下重要的忧虑经历。记录的内容应尽量接近当时的情境，以提高内容的准确性。

日期和时间	初始触发因素 你听到了什么或是什么想法让你开始忧虑？	忧虑内容 你在担心什么？请简要描述。在与工作表11.1中列出的主要忧虑相关内容旁边加上星号。	忧虑的持续时间 （分钟或小时）	忧虑期间的痛苦程度 （0~100分）	试图控制 你听到了什么或是什么想法让你担心？为了停止忧虑，你都做了什么？成功了吗？

资料来源：《焦虑症认知治疗》大卫·A.克拉克、亚伦·T.贝克 著，吉尔夫特出版社出版。

自助练习 11.3

追踪自己的灾难化思维

　　在接下来的一到两周内，用工作表 6.2 来追踪忧虑症发作期间自己的灾难化思维。当你忧虑时，专注于未来的消极情况或你害怕发生的恐怖结果。写下你认为这些结果发生的可能性和严重性各为几成，以及你是否能够应付过来，情境中是否有被你忽略掉的安全因素？

　　西尔维亚在做这个练习的时候发现，每当她担心丈夫的健康时，她就会想到丈夫会突然心脏病发作死去，然后留她一人在孤单和绝望中熬过余下的生命。忧虑时，她会把丈夫心脏病发作的可能性估计到很高（80/100）。而当她不担心、不忧虑他的健康时，她的概率估计下降到 20%。西尔维亚能够意识到，自己倾向于高估坏结果的可能性，这样只会让她更加担心。

第三步：发现忧虑信念

　　如何看待忧虑，在忧虑的持续时间和不可控性上起着重要的作用。所以，知道自己如何看待生活中的所有忧虑是非常重要的。担心某件事为什么会让你觉得这么糟糕？你认为什么样的忧虑是积极的或有益的？回到表 11.2，找出两到三个与你的忧虑最相关的想法，在旁边标一个星号。然后，在单独的一张纸上，写下三个或四个你的积极忧虑——积极忧虑将帮助你解决问题、做最坏的打算、保持专注、保持积极的行动，等等。大多数慢性忧虑症患者相信忧虑有积极功能，因此不愿意完全放弃忧虑，即使它会令人非常痛苦。

自助练习 11.4

记录你的忧虑想法

　　慢性忧虑症会受到很多潜在想法的推动，识别这些潜在想法最好的方法之一，是记录你在忧虑时的想法。使用工作表 11.5 记录你在忧虑时怀有的、关于忧虑的积极想法和消极想法。

　　西尔维亚在这次练习中发现，很多关于忧虑的想法在忧虑症发作时被激活了。她最主要的负面信念是"忧虑时的我什么都做不了""忧虑给我造成太大压力了，我

> **忧虑期间，关于忧虑的信念一旦激活，就会导致很多自动思维的形成，处理这些思维和忧虑相关的想法，是认知疗法的一个重要组成部分。**

可能会因此得心脏病""如果我不控制这种担心，焦虑会变得无法忍受"。她积极的信念是"担心让我集中精力""有时候，忧虑会帮我找到解决问题的方法""忧虑会确保我已经为未来做了最坏的准备"。

第四步：找到控制和寻求安全感的方法

　　你的"忧虑档案"的最后一部分，涉及你为了控制慢性忧虑症而依赖的策略和安全性行为。回到第 325 页，在你最为依赖的心理控制

工作表 11.5　监测你的优虑信念

提示：尽可能在你的日常焦虑发作期内完成此表格，距离忧虑期间越近，完成的表格会越准确。

日期与持续时间	主要忧虑 重点关注你在工作表11.1和工作表11.4中发现的令你忧虑的事件。把事件及你担心的最坏结果都写下来	关于忧虑期的消极想法 （信念） 你认为自己在忧虑期的缺点是什么？	关于忧虑期的积极想法 （信念） 你认为忧虑期可能给自己带来什么样的优势或益处？	担心忧虑的程度 （0～100分）

注："担心忧虑"的程度打分从 0（"我一点都不担心自己的忧虑"）到 100（"极度担心自己的忧虑问题"）

资料来源：《焦虑与忧虑手册》大卫·A.克拉克、亚伦·T.贝克著，吉尔夫特出版社出版。

方法旁边标一个星号。同时，回顾一下工作表 5.6 和工作表 5.7 的内容，再次标记一下你在忧虑时最常用的行为和认知策略。不要忘记涵盖反复尝试解决问题、寻求安心以及任何其他可能帮你寻求安全感和确定感的查对方法。

自助练习 11.5

创建你的"忧虑档案"

利用工作表 11.6，将你的长期的不可控忧虑问题的各个方面汇总在一起。你将根据本章后续内容讨论的治疗方法，利用"忧虑档案"制订自己的忧虑康复计划。

认知疗法治忧虑

第一步：确定你的忧虑类型

忧虑可以从两个维度上划分：现实的问题与想象的问题，有效的结果与徒劳的后果。由此产生四种类型的重复思维。

能够有效解决现实的问题	针对想象的问题而制订的、思维缜密的有效计划
针对现实的问题、徒劳的担心	针对想象的问题、徒劳的担心

工作表 11.6　　**忧虑档案**

提示：回顾你在本章忧虑评估的四个步骤中做出的回答，然后完成本表。

第一步：忧虑的触发因素

a.与忧虑有关的个人目标、价值观和问题：_____

_____

b.初始的不必要的侵入性想法：_____

_____

第二步：灾难化思维（忧虑时）

a.估计的可能性：_____

b.假设的严重性：_____

c.认为自己能够处理的能力：_____

第三步：忧虑想法

a.与忧虑有关的消极想法：_____

_____

b.与忧虑有关的积极想法：_____

_____

第四步：控制忧虑和寻求安全感的方法

a.控制忧虑的方法：_____

_____

b.寻求安全感的方法（你要怎么做才能获得镇静感、宽慰感和确定感）：

_____

_____

资料来源：《焦虑与忧虑手册》大卫·A.克拉克、亚伦·T.贝克 著，吉尔夫特出版社出版。

第一格——能够有效解决现实的问题——是一种促成高效解决方案的重复性思维。当我们以更具建设性的思考方式，为假想中未来可能发生的困难寻找可能的解决方案时，一个未雨绸缪的缜密计划便诞生了（比如为房子着火制订的应急计划）。认知疗法侧重于底层的两格，针对现实问题和想象问题徒劳地担心。治疗的目的是将徒劳的担忧转化为更有效率的、以解决方案为基础的思维方式（如上面两格所示）。

并非所有的忧虑都是关于未来的想象事件，有时我们也会担心日常生活中正在发生的真实事件。你可能正在治疗一种严重的疾病，很担心结果；或者你可能丢了工作，正在艰难地寻找新工作；或者你可能在和爱人大吵一架后，担心是不是会分手。认知疗法的第一步是确定焦虑是关于现实的问题，还是想象的问题（"如果……怎么办"）。杰瑞在过去的九个月里错过了三笔抵押付款，她现在不断接到催收机构打来的关于信用卡付款的电话。杰瑞非常担心自己的财务状况，她忧虑着自己是不是要破产了，可能无法赎回房子了。杰瑞的处境看起来很绝望，所以她对财政的焦虑和担心似乎是合理的。

在另一个例子中，布莱恩是一名33岁的放射科医生，他刚刚加入当地医院的诊断神经影像部门。尽管放射科主任对他给予了很高的评价，布莱恩却一直担心自己会在扫描时犯错，忧虑着自己的工作效率可能比不上其他放射科医生。他看了自己的诊断数据，又和别的医生对比了一下，觉得自己的数据在同事们的合理范围之内。但布莱恩永远都不可能是最高效率的放射科医生，因为他比别人更慢，他需要反复检查诊断报告，以确定自己没有误诊扫描。在布莱恩的案例中，他的担心——"如果我误诊了病人，可怎么办""如果我比别的同事低效呢"都是想象中的威胁（这些事情并没有发生，但是可能会发生）。

无论你的担心是当下的现实问题还是想象中的威胁（"如果……怎么办"），你需要问问自己，你的担心是有效果的还是徒劳的。杰瑞对破产的担心是现实的，但她的担心有用吗？这种担心是否会促成某些能够解决问题的行动，还是只能徒劳地影响她解决问题的能力？布莱恩想象自己的工作失败，这种威胁则很明显是徒劳的，因为它令他一遍遍检查自己的诊断结果，从而降低了他的工作效率和能力。你的忧虑会让你更接近自己的生活目标吗？或者忧虑是否剥夺了你的生活乐趣和满足感？

自助练习 11.6

确定你的忧虑是有用的还是徒劳的

首先，确定你的忧虑是关注于当下的现实问题，还是遥远的假想消极情境（"如果……怎么办"）。然后，想一想忧虑的积极效果和消极后果，来确定它是有用的还是徒劳的（如果不确定，你可以回顾一下表 11.1 的内容）。用工作表 11.7 来记录你的发现。如果你不确定忧虑的后果是什么，那么请监测自己的忧虑经历，记录忧虑的即时影响，或问问你的治疗师、好朋友、家人，忧虑对你有什么影响。对于每一个列在工作表 11.1 上的忧虑问题，或者在忧虑日记（工作表 11.4）上记过的忧虑问题，都做一下练习。

工作表 11.7   **忧虑的后果**

提示：从工作表11.1或忧虑日记（工作表11.4）中挑出一个主要忧虑问题，写下这个忧虑问题是什么，然后列出担心这个问题的积极后果和消极后果分别是什么。然后，重新审视一下这些后果，判断你的担心主要是有效的还是徒劳的。如果你担心的问题有一个以上，那么将此表多复印几份，这样你可以重复练习。

1. 主要忧虑问题：＿＿＿＿＿＿＿＿＿＿＿＿＿＿＿＿＿＿＿＿

＿＿＿＿＿＿＿＿＿＿＿＿＿＿＿＿＿＿＿＿＿＿＿＿＿＿＿＿

＿＿＿＿＿＿＿＿＿＿＿＿＿＿＿＿＿＿＿＿＿＿＿＿＿＿＿＿

2. 忧虑的消极后果：

a.＿＿＿＿＿＿＿＿＿＿＿＿＿＿＿＿＿＿＿＿＿＿＿＿＿＿

b.＿＿＿＿＿＿＿＿＿＿＿＿＿＿＿＿＿＿＿＿＿＿＿＿＿＿

c.＿＿＿＿＿＿＿＿＿＿＿＿＿＿＿＿＿＿＿＿＿＿＿＿＿＿

d.＿＿＿＿＿＿＿＿＿＿＿＿＿＿＿＿＿＿＿＿＿＿＿＿＿＿

e.＿＿＿＿＿＿＿＿＿＿＿＿＿＿＿＿＿＿＿＿＿＿＿＿＿＿

3. 忧虑的积极结果：

a.＿＿＿＿＿＿＿＿＿＿＿＿＿＿＿＿＿＿＿＿＿＿＿＿＿＿

b.＿＿＿＿＿＿＿＿＿＿＿＿＿＿＿＿＿＿＿＿＿＿＿＿＿＿

c.＿＿＿＿＿＿＿＿＿＿＿＿＿＿＿＿＿＿＿＿＿＿＿＿＿＿

d.＿＿＿＿＿＿＿＿＿＿＿＿＿＿＿＿＿＿＿＿＿＿＿＿＿＿

e.＿＿＿＿＿＿＿＿＿＿＿＿＿＿＿＿＿＿＿＿＿＿＿＿＿＿

4. 总的看来，我的这个担心是有效果的。   是   否

5. 总的看来，我的这个担心是徒劳的。   是   否

资料来源：《焦虑与忧虑手册》大卫·A.克拉克、亚伦·T.贝克 著，吉尔夫特出版社出版。

● **疑难解答小贴士**

　　你可能很难分辨自己的忧虑是关于想象的，还是现实的问题。如果你的生活中已经有具体的证据表明你所担心的问题还在发展之中，那么你的担心是现实的。比如你如果有一个十几岁的儿子，他已经犯了轻微的罪行，你可能担心他会因严重犯罪而被逮捕，那么这一担心便是现实的。相比之下，想象的忧虑则是处理一些可能发生的坏结果，而目前没有证据表明你的生活正朝着这个方向演变。比如如果没有医学上的迹象表明你可能会患上癌症，那么担心癌症便是想象的忧虑。所以，想象的忧虑确实可能发生，但是并没有现实的证据表明这些问题正在你的生活中显露出来。

第二步：用建设性的解决方式处理现实问题

　　你的担心是否涉及当下的现实问题，比如即将离婚、癌症治疗后的一年后续观察、学业失败、失业、银行取消抵押品赎回权？如果是这样，尝试罗伯特·利希在他的《治愈忧虑》一书中介绍过的建设性解决方法。

　　在你能为现实问题找到任何建设性的解决方法之前，你必须先弄清楚你对这个问

　　用认知疗法治疗忧虑的第一步，是确定你的忧虑是关于现实的问题还是想象中的问题。如果担心的问题是关于眼前更为现实的问题，那么建设性地解决问题是主要的治疗方法。下面将要介绍的其他策略与想象中的问题（"如果……怎么样"）更为相关。

题的后果有多大的责任和控制力。对于有些问题而言，你也许可以完全控制，比如注意到汽油不够了，或者你得快点出发，因为你上班总是迟到。而有些问题，你只能控制一部分，也只需要负一部分责任。比如：得到晋升的机会、处理婚姻里的矛盾冲突、降低心脏病发作的风险或提高投资回报率。而有些问题，你根本无法控制，比如：癌症的检测结果、爱人的慢性病或最近去世的亲人。

准确地评估你对某个问题的控制力和责任，是有效控制忧虑的一个关键因素。高估控制力和责任会导致焦虑和压力，低估则会导致低效和不作为。你可以利用工作表11.8中的控制力饼形统计图，发展一个更加健康的视角，去看待那些令你忧虑的问题情境。

不论何时，只要你感到忧虑了，就用控制力饼形统计图做一下分析，这样你会更好地了解什么是自己能控制的，什么是自己不能控制的——慢性忧虑症患者常常划不清这个界限。一旦你明确了界限，你就可以解决自己能够控制的问题，并且学会接受那些控制不了的问题。

西尔维亚担心自己做不完家务，她就此绘制了饼形图。起初，她以为自己可以百分之百控制家务活。但是，饼形图显示，其他因素——她是否必须工作到很晚（20%）、她的丈夫是否把家里弄得一团乱（15%）、家政是否每周都来打扫（10%），以及狗在这一周里是不是很闹（5%）——影响了她的控制力。事实上，在保持房子干净这件事上，西尔维亚只有50%的控制权。一旦她意识到这一点，她就能够用建设性的解决方法来履行

工作表 11.8　**控制力饼形统计图**

提示：想出一个能马上造成现实的消极后果的忧虑问题。然后写下所有可能影响这个情境的因素（例如：其他人的行为、你的行为、环境或情境本身）。确定了问题的各个影响因素之后，想一想每个因素对结果应负多少责任？对结果的控制权有多少？用百分比表示。所有因素的百分比加起来应为100%。在这个统计中，你自己占了多少比例的控制力呢？

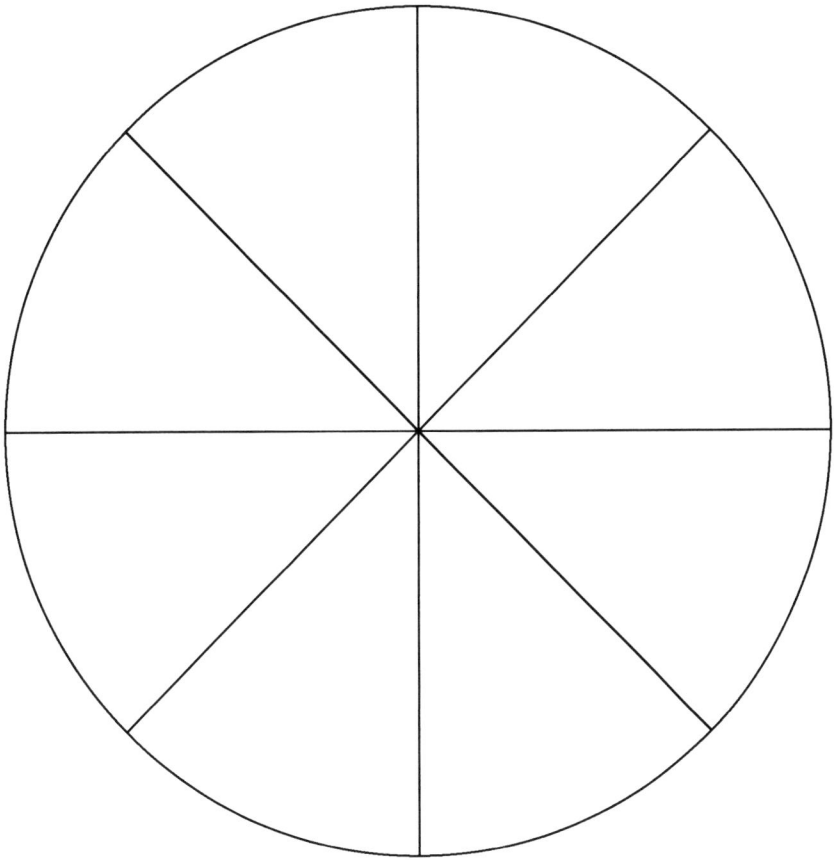

资料来源：《焦虑与忧虑手册》大卫·A.克拉克、亚伦·T.贝克 著，吉尔夫特出版社出版。

50% 的责任。同时因为另外 50% 是在她的控制范围之外的，所以她也必须接受房子不洁净的可能。

一旦你能够用更现实的视角去看待自己在某个问题中的责任，那么你就可以按照以下解决问题的步骤来处理你能够控制的那部分忧虑问题。

1. 确定问题；

2. 想出尽可能多的解决方案；

3. 评估每个解决方案；

4. 基于解决方案，制订行动计划；

5. 评估每个行动计划的结果。

找到你能控制的那部分也就找到了什么是确定的问题。乔安妮担心，自己的升职申请可能批准不通过。控制力饼形统计图显示，她对结果只有 60% 的控制力，她唯一能控制的事情是准备升职面试。因此，准备好面试便是确定的问题。乔安妮头脑风暴出很多种准备面试的方法：

●写一个简短的说明，介绍自己过去的经验、技能，以及如果晋升她将在新职位上做些什么。

●与最近通过面试得到晋升的同事聊一聊。

●列出面试时可能被问到的问题，然后准备出相应的回答。

●和同事做模拟面试。

●与主管讨论晋升面试。

●向丈夫倾诉她对面试的焦虑。

●让家庭医生给她开几片镇静剂。

接下来，乔安妮评估了每一个头脑风暴出的解决方案。她认为，前四个选项是最具建设性的解决方案，最能帮她准备面试。最后三个选项都有明显的缺点，所以她决定排除这三种方法。基于可接受的头脑风暴解决方案，乔安妮制订了以下行动计划：

> 请记住，解决问题的目标是降低你的焦虑并有效地处理问题。但是，它不能保证一个理想的结果。

我将在接下来的两个星期（星期一至星期五）中，每天晚上花上30分钟，为升职面试做准备。我会先写一份5页左右的声明，介绍一下自己过去的经验、技能、对新职位的看法。我会读上几遍，让自己熟记。我会列出一系列可能被问到的面试问题，包括一些与简历上"缺口"有关的问题。拉里和梅瑞狄斯最近刚得到晋升，我要向他们请教一些关于面试的问题。我会找工作中最亲密的朋友朱蒂帮忙，在面试前至少三天做两次模拟面试。她会就我的表现给出反馈，然后我会在需要的地方进行调整。

起初，乔安妮认为，评估行动计划的最好方法是看她是否得到了工作晋升。后来，她意识到这样评估并不恰当，因为她的努力只能改变 60% 的结果。她能够得到晋升还要取决于其他候选人的资质和选拔委员会的决定。因此，她决定，将评估的标准改为是否减轻了自己对面试的焦虑感和忧虑感。她用忧虑日记（工作表 11.4）追踪了自己的焦虑程度和忧虑，然后注意到自从实施了行动计划后，忧虑发作的频率和强度都下降了。

自助练习 11.7
练习建设性地解决问题

　　用一个令你困扰的问题，练习如何建设性地解决问题。你可能想要先从轻微困扰你的简单问题开始（比如：如何保持车子的清洁，如何准时上班从不迟到，如何与室友关系更好）。当你学会将问题解决的方法应用到这些情境中之后，挑一个你的主要忧虑问题，挑战一下。执行建设性问题解决计划时，提前计划好时间。制订一份行动计划，实施，然后评估它是否有效缓解了你的忧虑程度和焦虑。

● 疑难解答小贴士

　　如果你尝试了建设性地解决问题，但是焦虑和忧虑问题并没有得到改善，那么请确保你没有犯以下的错误：

　　寻求完美的解决方案——拒绝任何不能为问题提供完美解决方案的方法。

高估自己的控制力——你只能控制或影响部分结果，却觉得自己能保证得到理想的结果。

不切实际的期望——建设性的问题解决方法只会减少忧虑和焦虑，不会完全消除。

含糊的行动计划——你必须非常具体地制订行动计划：做什么，怎么做，什么时候做。

头脑风暴不足——不要过早否认某个方法，针对一个问题，你需要制订出一系列的备选方案，这一点非常重要。

高度"想象"的威胁——建设性的问题解决方案不能处理模糊的、遥远的、高度想象的或与现实没多少联系的假设性威胁（"如果我死得太早了怎么办？""如果没有人喜欢我怎么办？""如果我一生都不成功怎么办？"）。

第三步：纠正灾难化思维

在图 11.1 忧虑的认知模型中，灾难化思维总是处于徒劳的过度忧虑的核心位置。激活关于威胁和无助的消极信念，会使我们只关注未来的威胁和危险，别的什么都不想。灾难化思维助长了忧虑！如果你能不把事情都想成灾难，那么你就能够切断忧虑的源头。这一点说起来容易做起来难，因为灾难化思维是慢性忧虑症患者的第二天性。但是我们发现，教会慢性忧虑症患者甩掉灾难化的习惯，可以减轻过度的徒劳忧虑。

第六章中讨论过的收集证据、纠正认知上的错误、学会从其他视角看待事物、将焦虑正常化等方法可以用来减轻忧虑。首先，回顾你的"忧虑档案"（工作表 11.6），着重观察你是如何高估了某一未来威胁的可能性和严重性，如何低估了自己应付这种威胁的能力，以至于自己会感到忧虑。这三个要素（可能性、严重性和感知到的应对方式）代表了灾难化思维的核心要素。使用工作表 6.3 收集证据，证明你高估了想象中某一负面结果的可能性和严重程度。然后识别出思维中的认知错误（见第三章），并努力用一种更可能的、现实的角度去关注忧虑问题。

西尔维亚的丈夫理查德最近被诊断为不稳定型心绞痛，她非常担心丈夫的健康，她的忧虑基于灾难化思维：她深信，丈夫的致命性心脏病会随时发作，她会变成一个孤独又悲痛的寡妇。西尔维亚先想办法确定，自己是否高估了不稳定型心绞痛会导致致命性心脏病发作的可能性。她查了关于不稳定型心绞痛的信息，了解到这是一种与心脏病发作风险增加有关的常见状况。她了解到的医学信息表明，在一个月内，心脏病发作的平均概率约为 10% 或更低。在相同的时间周期内，不到 5% 的人死于不稳定型心绞痛导致的心脏病发作。她还了解到，不稳定型心绞痛患者通过服用一些药物和改变生活方式可以减少心脏病发作的可能性。基于这一证据，西尔维亚看到自己高估了丈夫心脏病发作的可能性，并低估了各种能降低风险的医疗、饮食和运动的干预措施。此外，西尔维亚意识到，自己在考虑丈夫的病情时，视野太过狭隘，直接就跳到了结论上来。西尔维亚提出了下面的替代性视角：

理查德的慢性病虽然令他更易患上心脏病，但数以百万计的美国人在同样的情况下都能生活很久，而且生活过得多姿多彩。即使理查德心脏病发作的风险升高了，但他在任何一个时刻的生存概率都要大大超过死亡的概率。各种的医疗干预、药物以及新的生活方式都可以有效地降低（但不能完全排除）理查德心脏病发作的风险。像其他人一样，我们也能学会如何在这种健康问题的威胁下生活。

使用收集证据、识别错误和产生替代观点的方法，可以纠正我们在慢性忧虑症中夸大威胁的概率和严重程度的倾向。

　　每当西尔维亚开始担心理查德的健康的时候，她都会采用新的视角。她提醒自己，有证据支持更加现实的替代性解释，也有证据否定理查德会随时死于心脏病这一灾难化假设。

自助练习 11.8

找到灾难化思维的替代视角

　　完成证据收集表（工作表 6.3），就某一忧虑问题找到能够挑战你灾难化思维的替代视角（工作表 6.5）。回顾这些表格，把每一次的忧虑经历都填上去。多次练习之后，你就能更早、更好地纠正自己的灾难化思维。

● 疑难解答小贴士

收集证据能够纠正你的灾难化思维，如果这一方法并不能减轻你的忧虑，那么你可能是在用证据来安慰自己：最坏的情况不会发生。你需要确定一点，证据收集只能纠正你对威胁的概率和严重程度的偏差估计。请记住，你不能预测未来，坏事也可能发生（理查德可能会遭遇致命的心脏病发作），证据收集不是"灵丹妙药"。提醒自己有哪些证据并不会让你自动地停止忧虑。证据收集将逐渐帮助你降低忧虑，因为你将反复纠正很多次偏差的灾难化思维。

第四步：面对最坏的情况

忧虑中的我们总是不愿意去想某些可怕的灾难和最坏的情况。托马斯·博尔科韦茨是宾夕法尼亚州立大学的一位心理学教授，也是忧虑研究的先驱者。他认为人们会感到忧虑，是因为想要逃避一些

让自己反复接触最极端的忧虑恐惧，比如想象如果你最害怕的事情发生了，那肯定会无法承受，你会完全无助，不堪重负。这是一种有效的治疗方法，能够挑战忧虑的核心信念。

未来的可怕威胁或危险。比如一位父亲可能会担心他十几岁的儿子为什么周末晚上回家那么晚，而不是想象他遭遇了一场悲惨的车祸。一个人可能担心医疗诊断的结果，而不是考虑身患癌症如何活下去。一个人可能担心她是否得罪了一个好友，而不是思考是否已经失去了友谊。换句话说，忧虑往往是试图不去想一些可怕的终极灾难。但问题

在于，忧虑并不是一种有效的逃避策略，而是导致广泛性焦虑持续存在的原因之一。朝相反的方向努力，直面你最糟糕的恐惧，已经成为忧虑的认知疗法中重要的一步。

自助练习 11.9

让自己暴露于忧虑之中，然后去灾难化

你可以从一个与忧虑有关的灾难故事开始，学着面对最可怕的恐惧。就某一个忧虑问题问问自己："我最害怕的糟糕结果和终极灾难是什么？"如果你在担心一段关系，那么你最害怕的结果可能是失去某个重要的人；如果你有财务的忧虑，那么最糟的后果可能是失去一切，并宣告破产；如果你的忧虑是关于工作的，那么终极灾难可能是失业并长期待业。使用工作表 11.9，就某一忧虑问题，写下你能想象到的最糟糕的结果是怎样的。不要写你认为可能发生的事情。相反，发挥你的想象力，写下你能想象到的最坏的结果和最糟糕的灾难。

一旦开了"令你忧虑的灾难事件账户"，你就可以开始导向性地表达忧虑了。每天安排 30 ～ 45 分钟的时间，专门用来忧虑。找一个安静的私人空间，让自己在这里表达焦虑和忧虑。在这段时间内，大声说出你的忧虑，一遍又一遍地重复。不要试图压抑自己的忧虑想法，而要把它们都表达出来。大声读出令你担心的灾难事件，集中精力，尽量让自己投入故事当中去。这个练习可以帮你面对自己的忧虑和最大的恐惧。当然，和所有暴露练习一样，你一定要反复练习，至少在 2 ～ 3 周的时间内天天练习。如果你在白天因为某件事感到忧虑了，那就把忧虑的想法写下来，然后在晚上计划好表达忧虑的时间，反复练习。提醒你自己："我现在不必忧虑这件事，我要等到晚上的忧虑时间。"一直练习，直到你想起令你忧虑的最坏可能结果时，焦虑感或痛苦降到了最低。

"面对自己最大的恐惧"的最后一步是写出一份去灾难化的方案。在现实中，你会如何处理自己最害怕的事情？你要如何学着应对身患癌症的生活、独自一人生活或失去理想工作？如果你发现你的配偶有外遇，或者你的十几岁的儿子因吸毒被逮捕，你会怎么做？写下你为了应对生活中的这些灾难而将实施的实际的具体步骤。你可以把这些当作应急计划——如果最坏的情况发生了，你会怎么做？就好像为房屋火灾创建的应急反应措施。我们并不打算烧了房子，但万一发生了什么，我们应该知道要怎么办。令你忧虑的恐怖事件也同样如此。它可能永远不会发生，但最好有一个应急计划。你能比预期更好地处理这次灾难吗？你可以找一找关于灾难本身的信息和别人的处理方法，并将其纳入你自己的去灾难化方案中。

西尔维亚先写下她所有关于退休的忧虑，以及涉及养老金骤减的最坏情境。她写下了对于破产的感觉，并且不得不小心自己的开销。西尔维亚想象着她的朋友和已经成年的子女可能会作何反应，没钱生活会是什么样子。然后，她每天安排 30 分钟，大声读出她所有关于退休和最坏情况的担忧。她试图尽可能生动地想象一个收入固定的经济拮据的老年人会是什么样子。她连续二十三天如实完成了忧虑

工作表 11.9 **你最大的恐惧**

提示：尽量详细地写下，如果你每天都在忧虑着最恐怖的事情，那么你的生活会变成什么样子？什么事情会导致最坏的结果？它将如何影响你的身体、情绪、行为和社交？你将如何应对这个灾难性的后果？你会如何处理？会有效果吗？如果没有这些坏事，你的生活会如何改变？在你经历了最可怕的恐惧之后，朋友和家人会如何对待你？他们会抛弃你吗？灾难过后的长期影响是什么？

（如果需要，请在额外的页面上完成你忧虑的灾难。）

资料来源：《焦虑与忧虑手册》大卫·A.克拉克、亚伦·T.贝克 著，吉尔夫特出版社出版。

表达练习，直到她对练习感到极度厌倦，一点儿都不愿再想。就此，她已经能够重新审视自己的退休情况，并且制订出一份去灾难化的计划——她要如何处理在退休期间可能突然失去的投资收入。她发现，自己能处理得比想象中好得多。

● 疑难解答小贴士

如果直面最大的恐惧并不能减少你的忧虑，那么请先确保你正在处理与忧虑有关的最坏结果。如果你降低了想象中的结果的可怕程度，那么练习就不会起作用，不能让结果变得不那么可怕或者令你不那么焦虑。最可怕的恐惧必须非常极端。你必须写下你的忧虑和最坏的情况。你不能只依赖记忆，你还需要大声地一遍又一遍地朗读。最后，你必须反复做这个练习。重复是关键！很多人只尝试了一两次，便断定它不奏效。如果你只做了几次，那么忧虑表达是不会有效果的。你必须反复地做，直到你开始感到无聊了、不感兴趣了为止。

第五步：重新安排忧虑信念

治疗忧虑往往进展得很慢，直到识别和纠正所有关于忧虑过程的潜在信念，情况才会有所好转。回到工作表 11.5，回顾那些决定了忧虑特征的积极想法和消极想法。你可以使用在第六章讨论过的证据收集、成本—效益分析和找到替代策略等方法，来纠正这些忧虑的想法。重点关注你在"忧虑档案"（工作表 11.6）中列出的主要信念。

杰森，一个大学四年级的学生，一直担心自己的在校平均成绩。

他认为，忧虑令他学得更多，但也给他造成了太多的焦虑和压力，可能会干扰他的考试发挥。他开始害怕忧虑，试图控制忧虑，但收效甚微。杰森从以往的经验中寻找证据，挑战自己的忧虑想法，并惊讶地发现，忧虑并不像他想象的那样会干扰考试发挥，他意识到自己太以偏概全了，忧虑只不过影响了一两次考试成绩而已。因此，他提出了另一种观点，即对考试有一定的担心也是正常的，而且可能会有帮助。

> **纠正不当的忧虑想法，可以有效改善人们对忧虑的担心（担心自己忧虑之后的负面影响）。**

他需要改善的是过度忧虑。每当杰森开始担心，忧虑会不会影响他的考试成绩时，他就会停下来，大声读出自己担心的事情，20 分钟后继续学习。这一练习有助于纠正他对忧虑负面影响的歪曲信念。

自助练习 11.10
纠正关于忧虑的负面看法

努力纠正自己关于忧虑的不当信念，每周练习两次，每次半小时。使用证据收集、成本—效益分析、寻找替代视角等方法来纠正与忧虑有关的积极想法和消极想法。每当你感到忧虑时，都回顾一下你在证据收集表和成本—效益分析表中填写过的内容，看看是否能够推翻自动产生的不当想法。根据改正后的信念，做出实际的反应，来结束这个练习。

第六步：放弃控制

我们在本章的前面讨论过一个事实：你越努力去控制忧虑，忧虑就会越糟糕。因此，确定自己控制忧虑的反应，然后学会不再控制忧虑，这一点非常重要。

西尔维亚找到了三种自己试图控制忧虑的方法。她会不断地告诉自己不要担心（认知压抑）、试着让自己确信一切都会变好（自我安慰）以及问别人是否认为她害怕的结果不会发生（其他人的安慰）。当然，这些控制措施都没有奏效，所以她仍然很担心。最后西尔维亚用了四种策略来减少自己对忧虑的控制。

自助练习 11.11

用新的策略取代控制忧虑的老方法

花两周的时间专门练习忧虑控制。尽量让自己投入"忧虑档案"（工作表 11.6）中罗列的忧虑控制策略中去。使用下面描述的四个策略来代替控制忧虑的老方法。两周之后，评估自己是否更能"接受"忧虑。

1. 接受忧虑。不再控制意味着你接受了忧虑的过程。你需要平稳度过忧虑的发作，而不是与之对抗。如果你的大脑要忧虑，那就随它去，允许忧虑的思绪漂浮在你的脑海之中。你甚至可以用旁观者的角度看待焦虑的想法穿过脑海，就好像你是一个凑热闹的人在看游行。将忧虑视为一个正常的过程，它未必会干涉你的生活或剥夺你的快乐。

在《治愈忧虑》（*The Worry Cure*）一书中，罗伯特·利希讨论了接受对于减轻忧虑倾向的重要性。

2. 暂停忧虑。每次忧虑发作之后，都将自己的问题写下来，留到计划好的表达忧虑的时间。提醒自己："这是一个很好的点，我会把问题写下来，等到晚上说出忧虑的时候，再花很多时间去担心这个问题。"起初，你可能发现等待太难了，但是只要你能坚持练习，最终你肯定可以学会如何把忧虑留到稍晚一些时候。

3. 使忧虑正常化。尽力将日常活动做到更好，这样你的忧虑问题会越来越正常化。如果你因为忧虑而无法集中注意力，那就在忧虑期间做一些更简单的、更常规的事情（打扫房子、洗车、整理办公室、给朋友打电话，等等）。你需要做的并不是在忧虑时停止所有活动，这是表达忧虑时间该做的事。忧虑期间，做一些生活琐事也能自然地帮你从忧虑中分散注意力。

4. 不再想去控制。一旦你确定了自己最常用的忧虑控制策略，马上停止使用。比如：别再向别人寻求对未来的保证（这种做法相当没用，因为他们并没有比你更擅长预测未来），别再为了确保一切都好而反复检查，别再为了宽慰而过度分析（想太多）。

> ● **疑难解答小贴士**
>
> 　　你可能会觉得，自己很难不去控制忧虑。试了几天之后，你可能会想要放弃。请记住，"江山易改，本性难移"，你需要多花些时日，才能改变脑子里想要控制忧虑的倾向。写下你担心的问题，挑战自己关于未来威胁的夸张想法，将问题都留到表达忧虑的时间，然后通过完成日常活动使忧虑问题变得正常化，这些是减少控制忧虑的最好方法。提醒自己"白熊效应"（自助练习 11.1）：你越要控制自己的忧虑问题，你就会越担心。

> **太想控制忧虑（控制过度），而非不太控制忧虑（控制不足）是慢性忧虑症的主要问题。这就是为什么学会放开控制和接受焦虑是认知疗法治疗忧虑的关键目标。**

第七步：接受不确定性

　　认知疗法治疗忧虑的最后一步是如何应对关注不确定性问题。加拿大心理学家米歇尔·杜佳斯指出，难以接受不确定性是广泛性焦虑症和忧虑症的一个关键特征，也就是说，人们忧虑，是因为想让自己对未来安心。他们试图通过思考最可能发生的事情来减少未来的不确定性。比如：布罗迪担心自己的有机化学期末考试，担心自己是否会死掉，并努力让自己相信可能出现的结果；朱迪在忧虑卖房子，不停地想自己是否能够找到买主；萨曼莎担心丈夫可能有了外遇，所以她

自助练习 11.12

培养对风险和不确定性的承受能力

用一星期的时间来了解你是如何努力地与不确定性相抗争的，然后让自己更容易接受不确定性。在忧虑发作期间完成工作表 11.10，重点关注自己对不确定性的无法容忍。然后在第二周回顾工作表的内容，针对接受未来的不确定性的利弊做成本—效益分析（使用工作表 6.4）。现在，你相信接受不确定性的好处了吗？

接下来，将注意力集中在与忧虑有关的可怕结果的可能性上，多做几次，直到你觉得不那么焦虑了（去灾难化）。也就是让不确定的想法淹没自己。不要试图避免或压抑这些想法，你应该勇敢地面对，然后接受。练习评估并纠正与忧虑有关的不确定性想法。最后，在第三周的时间内，让自己每天都暴露于不确定性之中。试着每天做一两件不同的、更加自发的、更加不确定的事情。我们的目标是培养你对风险和不确定性的容忍和接受程度。

花了很多时间试图说服自己——丈夫很忠诚，不会离开她。在每一种情况下，忧虑过程都是由想要了解未来以减少不确定性的愿望驱动的。大多数人会说，他们宁愿知道有坏事要发生了，也不要一无所知地活着。

"需要知道"的问题在于，我们永远不可能完全确定地看到未来。忧虑是一种让自己对未来感到安心的努力——努力减少生活中的不确定性，以消除生活中的"如果……怎么办"的想法。但心理学研

工作表 11.10　风险和不确定性记录

提示：在日常忧虑发作期间完成此表。忧虑发作后尽快完成此表，以提高描述的准确性。

日期：＿＿＿＿　至：＿＿＿＿

日期和忧虑的持续时间	主要担心的问题 简要描述工作表11.1和工作表11.4里的忧虑问题，包括你认为的最坏结果	"如果……怎么办"问题 列出忧虑期间产生的"如果……"问题	不确定性程度（0～100分）	对不确定性的反应 是什么让你无法忍受这个忧虑问题的不确定性？你试图怎样减少不确定性？

注：用 0（"一点都没感觉到不确定性"）到 100（"我对结果一点把握都没有"）评价，你对这个忧虑问题的未来结果感到到多大程度的不安。

资料来源：《焦虑与忧虑手册》大卫·A.克拉克、亚伦·T.贝克著，吉尔夫特出版社出版。

究发现，从不确定性中寻求宽慰，会产生相反的效果：我们会更加焦虑和担心未来。学习接受风险和不确定性会减轻忧虑问题和广泛性焦虑症。

布罗迪告诉自己，世上并没有确定的考试成绩。他不知道考试会出什么题，所以他必须接受这种不确定性。做一名学生意味着要接受不确定的考试及其结果。重视考试的不确定性，而不是企图寻求宽慰来逃避，这是减轻布罗迪的忧虑问题的重要一步。

帮助你接受不确定性的最有效的方法之一就是练习接触日常生活中的不确定性。你可以有目的性地专注于某些日常活动的不确定性。西尔维亚所有的担心都是以退休、丈夫的健康、儿子是否能找到工作等事情的不确定性为中心的。她认为自己必须尽量了解未来，知道未来一切会变得怎么样。她的忧虑问题主要是想要消除消极的后果，让自己确信一切都会好起来。对于自助练习，西尔维亚的认知治疗师让她对"不担心"的日常活动的不确定性水平进行了评估。例如西尔维亚表示，她会旅行、开车到不同的地方、参加会议，但与这些事情相关

> 学会接受生活的不确定性，以"合理的风险"生活下去，是克服徒劳的过度忧虑的一个重要目标。

的不确定性的程度是她可以容忍的。然后，治疗师鼓励西尔维亚增加生活中的风险和不确定性。她的一些作业包括不带 GPS 去这座城市的陌生地方、让朋友开车而不是自己开车、不在工作会议前做太多准备、来一场说走就走的短期旅行、临时邀请新同事共进晚餐。所有这些活动的目的都是让西尔维亚更能忍受生活中的风险和不确定性。当

然，也会增加生活的偶然性。最终的结果是，西尔维亚学会了接受生活的不确定性，所以焦虑和忧虑程度大大减轻。

● 疑难解答小贴士

如果你还在与忧虑的不确定性抗争，那么试着列出你的日常生活中所有涉及不确定性的活动和决定（例如过马路并假设司机不会闯红灯）。练习将焦点集中在是否有可能减少关于未来不确定性的忧虑上。你也可以问问别人，他们是如何看待健康、关系、财政、工作中的不确定性的。对于任何一种情况，你的目标都不是消除不确定性（这是不可能的），而是接受不确定性。

本章总结

1. 广泛性焦虑症是第二大常见的焦虑症，其特点是持续的焦虑和不可控制地过度担心生活中的各种问题。

2. 不当忧虑包括狭隘地关注被夸大的未来威胁（灾难化），试图通过无用的解决方法和寻求安慰来减少不确定性，以及为了停止忧虑而做出的徒劳尝试。

3. 对于慢性焦虑症人群而言，忧虑几乎没什么积极作用，也不会提高他们的办事效率。相反，他们的徒劳担心涉及高度关注想象中的、假设出来的最坏情况，对此他们无法控制，努力了也无法解决问题，所以他们感到害怕、无助、茫然。

4. 忧虑是一种心态，一种思维方式，痛苦的侵入性思维威胁到宝贵的生活目标，从而激活了关于未来威胁和自身无助感的潜在信念，导致忧虑的产生。忧虑过程的特征为：在心理上对忧虑的控制、寻求宽慰、无效的问题解决和"担心忧虑"。

5. 制订自己的"忧虑档案"，是克服徒劳忧虑的开始。找到你的主要忧虑问题，认识到你如何将未来灾难化，决定你的核心忧虑信念，以及确定不当的忧虑控制策略，都可以在档案中体现。

6. 用认知疗法治疗忧虑的第一步，包括了确定你的忧虑是不是与当下更为现实的问题有关。建设性的问题解决方法是用来减轻与现实问题有关的焦虑感和忧虑感的最佳干预方法（比如：应对失业、关系破裂、重病、失去亲人）。

7. 广泛性焦虑症中的大部分忧虑问题都集中于更为遥远的、有些抽象的，甚至假设出来的未来威胁事件发生的可能性（例如："我是否能被人接受、被爱""我是否会失去一切，变得贫困潦倒""我是否会英年早逝"）。

8. 针对因想象中的未来问题而产生的忧虑症症状的认知疗法包括纠正灾难化思维，想象自己暴露于可能发生的最坏结果之中，反复有条理地、直接地表达忧虑，制订一份去灾难化计划，纠正与忧虑有关的不良积极信念和消极信念，减少为控制忧虑而做出的努力，接受风险、新鲜事物和不确定性。